大学计算机基础教育规划教材

"高等教育国家级教学成果奖"配套教材
"陕西省精品课程"主讲教材

C++ 程序设计习题与解析

刘君瑞　编著

1+X

清华大学出版社
北京

内 容 简 介

本书是在作者多年的《C++程序设计》教学实践经验的基础上编写而成的,主要包括三个方面的内容,即知识点与考点提炼、经典例题解析、典型习题与解答,同时兼顾了全国计算机等级考试(二级C++)大纲的要求,能够对课程的教授、学习以及考查起到积极的指导和辅助作用,方便读者准备课程考试、研究生入学考试、等级考试。

本书包括近千道各种类型的试题,有选择题、填空题、判断题、简答题、计算题5种题型,着重于教材中的基本概念、基本语法规则、程序结构等内容,使学习者能够练习C++的基础知识;程序阅读题、程序修改题、程序填空题,这3类题由浅入深地提高学习者阅读和理解程序的能力、判断程序错误的能力;程序设计题,着重训练学习者综合应用C++语言编制程序的能力,使其掌握初步的程序设计方法和常用算法的设计。

本书适合作为高等学校各专业程序设计课程的教学辅导教材,也是自学C++的好教材。

图书在版编目(CIP)数据

C++程序设计习题与解析/刘君瑞编著.--北京:清华大学出版社,2011.3(2024.8重印)
(大学计算机基础教育规划教材)
ISBN 978-7-302-24941-2

Ⅰ.①C… Ⅱ.①刘… Ⅲ.①C语言-程序设计-高等学校-解题 Ⅳ.①TP312-44

中国版本图书馆 CIP 数据核字(2011)第 023892 号

责任编辑:张 民 李 晔
责任校对:白 蕾
责任印制:杨 艳

出版发行:清华大学出版社
　　　　　网　　　址:https://www.tup.com.cn,https://www.wqxuetang.com
　　　　　地　　　址:北京清华大学学研大厦 A 座　　　　　邮　　编:100084
　　　　　社 总 机:010-83470000　　　　　　　　　　　邮　　购:010-62786544
　　　　　投稿与读者服务:010-62776969,c-service@tup.tsinghua.edu.cn
　　　　　质 量 反 馈:010-62772015,zhiliang@tup.tsinghua.edu.cn
印 装 者:三河市龙大印装有限公司
经　　　销:全国新华书店
开　　　本:185mm×260mm　　印　　张:12.25　　　字　　数:292千字
版　　　次:2011年3月第1版　　　　　　　　印　　次:2024年8月第12次印刷
定　　　价:33.00元

产品编号:041688-02

进入 21 世纪,社会信息化不断向纵深发展,各行各业的信息化进程不断加速。我国的高等教育也进入了一个新的历史发展时期,尤其是高校的计算机基础教育,正在步入更加科学、更加合理、更加符合 21 世纪高校人才培养目标的新阶段。

为了进一步推动高校计算机基础教育的发展,教育部高等学校计算机科学与技术教学指导委员会近期发布了《关于进一步加强高等学校计算机基础教学的意见暨计算机基础课程教学基本要求》(以下简称《教学基本要求》)。《教学基本要求》针对计算机基础教学的现状与发展,提出了计算机基础教学改革的指导思想;按照分类、分层次组织教学的思路,《教学基本要求》提出了计算机基础课程教学内容的知识结构与课程设置。《教学基本要求》认为,计算机基础教学的典型核心课程包括:大学计算机基础、计算机程序设计基础、计算机硬件技术基础(微机原理与接口、单片机原理与应用)、数据库技术及应用、多媒体技术及应用、计算机网络技术及应用。《教学基本要求》中介绍了上述六门核心课程的主要内容,这为今后的课程建设及教材编写提供了重要的依据。在下一步计算机课程规划工作中,建议各校采用"1+X"的方案,即:"大学计算机基础"+ 若干必修或选修课程。

教材是实现教学要求的重要保证。为了更好地促进高校计算机基础教育的改革,我们组织了国内部分高校教师进行了深入的讨论和研究,根据《教学基本要求》中的相关课程教学基本要求组织编写了这套"大学计算机基础教育规划教材"。

本套教材的特点如下:

(1) 体系完整,内容先进,符合大学非计算机专业学生的特点,注重应用,强调实践。

(2) 教材的作者来自全国各个高校,都是教育部高等学校计算机基础课程教学指导委员会推荐的专家、教授和教学骨干。

(3) 注重立体化教材的建设,除主教材外,还配有多媒体电子教案、习题与实验指导,以及教学网站和教学资源库等。

(4) 注重案例教材和实验教材的建设,适应教师指导下的学生自主学习的教学模式。

(5) 及时更新版本,力图反映计算机技术的新发展。

本套教材将随着高校计算机基础教育的发展不断调整,希望各位专家、教师和读者不吝提出宝贵的意见和建议,我们将根据大家的意见不断改进本套教材的组织、编写工作,为我国的计算机基础教育的教材建设和人才培养做出更大的贡献。

"大学计算机基础教育规划教材"丛书主编

教育部高等学校计算机基础课程教学指导委员会副主任委员

冯博琴

前　言

　　《C++语言程序设计》是理工科院校重要的计算机技术课程,学习者对其内容掌握的程度如何,不仅直接影响到后续课程的学习,而且对今后工作将产生重要影响。

　　本书是在作者多年的《C++语言程序设计》教学实践经验的基础上编写而成的,主要包括三个方面的内容:知识点及考点提炼、经典例题解析以及典型习题及解答,同时兼顾了全国计算机等级考试(二级C++语言)大纲的要求,可对该课程的教授、学习以及考查起到积极的指导和辅助作用。

　　本书共分为15章,涵盖了程序设计基础、数据类型与表达式、程序控制结构、函数、预处理命令、数组、指针与引用、自定义数据类型、类与对象、继承与派生、运算符重载、异常处理、命名空间、标准库、算法等内容。每章的知识点及考点部分提炼出该章的重点和难点内容,为教、学、考提供指导。例题解析部分挑选出每章最具代表性的习题进行详细讲解,目标是通过例题的解析让读者掌握其涵盖的知识点,并能够举一反三。习题及解答绝大多数从作者多年积累的庞大习题库精选而出,部分习题来源于因特网,让读者在学习后及时进行练习自查,巩固学习效果。有的习题还给出多种参考答案,目的是让读者在解题时能够多向思维,多角度探索问题的求解方法,在寻求问题最优解的过程中达到对知识的完美掌握及应用。

　　本书包括上千道各种类型的试题:选择题、填空题、判断题、简答题及计算题这5种题型着重于教材中的基本概念、基本语法规则、程序结构等内容,让学习者巩固C++语言的基础知识;程序阅读题、程序修改题及程序填空题这三类题由浅入深地提高学习者阅读和理解程序的能力、判断程序错误的能力;程序设计题着重训练学习者综合应用C++语言编制程序的能力,使其掌握初步的程序设计方法和常用算法的设计。

　　本书中␣表示空格,↙表示回车。由于篇幅原因,没有将程序设计题的参考程序列写出来,请自行从清华大学出版社网站下载,建议读者在 code blocks 环境下编程调试。

　　本书由刘君瑞主编。西北工业大学计算机基础教学的同事们对全书的内容提出了许多宝贵的意见和建议,特别是姜学锋、曹光前、周果清、魏英教师对本书的编写给了很大的帮助,同时感谢各位因特网习题的原创者,他们使本书更加完善。同时,本书的编写始终得到了各级领导的关心和热情支持,清华大学出版社对本书的出版十分重视并做了周到的安排。在此,对所有鼓励、支持和帮助过本书编写工作的领导、专家、同事和广大读者表示真挚的谢意。

由于时间紧迫以及作者水平有限,书中难免有错误、疏漏之处,恳请读者批评指正。

编 者

2011 年 1 月于西北工业大学

目 录

第1章

程序设计基础

一、选择题

1. 计算机硬件与软件之间的主要交互界面是(　　)。
   A. I/O 设备　　　B. 指令系统　　　C. CPU　　　　　D. 操作系统

2. 机器字长表示(　　)。
   A. 计算机内部数据通道和工作寄存器的宽度
   B. 计算机指令的长度
   C. 程序计数器的长度
   D. 存储器单元的宽度

3. 在存储器系统中,为了扩大程序可控制的存储空间,操作系统将辅存的一部分当做主存使用。这种存储系统称为(　　)。
   A. 内部存储器　　　　　　　B. 外部存储器
   C. 虚拟存储器　　　　　　　D. 随机存储器

4. 以下都可用作计算机输入设备的是(　　)。
   A. 键盘,鼠标,扫描仪,打印机
   B. 键盘,数码相机,鼠标,绘图仪
   C. 键盘,数码相机,扫描仪,绘图仪
   D. 键盘,鼠标,扫描仪,数码相机

5. 衡量计算机可靠性的性能指标是(　　)。
   A. MIPS　　　　　B. MTBF　　　　C. MTTR　　　　D. 主频

6. 运算器由(　　)等部件组成。
   A. ALU 和主存　　　　　　　B. ALU、累加器和主存
   C. ALU、通用寄存器和主存　　D. ALU、FPU 和通用寄存器

7. 目前普遍使用的微型计算机采用的电路是(　　)。
   A. 电子管　　　　　　　　　B. 晶体管
   C. 集成电路　　　　　　　　D. 超大规模集成电路

8. CPU 中包含控制器和(　　)。
   A. 运算器　　　B. 存储器　　　C. 输入设备　　　D. 输出设备

9. 精简指令集计算机的简称是（　　）。

    A. ASP   B. DISC   C. RISC   D. CISC

10. 在 C++ 语言中，080 是（　　）。

    A. 八进制数   B. 十进制数   C. 十六进制数   D. 非法数

11. 下列关于信息和数据的叙述中不正确的是（　　）。

    A. 信息是数据的符号表示

    B. 信息是数据的内涵

    C. 信息是现实世界事物的存在方式或运动状态的反映

    D. 数据是描述现实世界事物的符号记录

12. 0.101001B 等于（　　）。

    A. 0.640625D   B. 0.620125D   C. 0.820325D   D. 0.804625D

13. 下列数中最大的数为（　　）。

    A. (101001)B   B. (52)O   C. (101001)BCD D. (233)H

14. 计算机系统中采用补码运算的目的是为了（　　）。

    A. 与手工运算方式保持一致   B. 提高运算速度

    C. 简化计算机的设计   D. 提高运算的精度

15. 如果 X 为负数，由 $[X]$补求 $[-X]$补是将（　　）。

    A. $[X]$补各值保持不变

    B. $[X]$补符号位变反，其他各位不变

    C. $[X]$补除符号位外，各位变反，末位加 1

    D. $[X]$补连同符号位一起各位变反，末位加 1

16. 以下叙述错误的是（　　）。

    A. 现在的机器字长一般都是字节的整数倍

    B. 在补码系统中 0 有两种表示

    C. 原码的加减运算规则比较复杂

    D. 欲求 $x/2$ 的补码，只需将 x 的补码算术右移 1 位即可

17. 在以下编码中，有权的二-十进制编码是（　　）。

    A. 8421BCD 码   B. 海明码   C. 余 3 码   D. 格雷码

18. 在 8421 码表示的二-十进制数中，代码 1001 表示（　　）。

    A. 3   B. 6   C. 9   D. 1

19. 在二进制的浮点数中，为了保持其真值不变，若阶码减 1，尾数的小数点则要（　　）。

    A. 右移 1 位   B. 左移 1 位   C. 右移 4 位   D. 左移 4 位

20. 以下叙述错误的是（　　）。

    A. 浮点数中，阶码反映了小数点的位置

    B. 浮点数中，阶码的位数越长，能表示的精度越高

    C. 计算机中，整数一般用定点数表示

    D. 汉字的机内码用 2 个字节表示一个汉字

21. 常用的英文字符编码有(　　)。
    A. 机内码　　　B. 输入码　　　C. ASCII 码　　　　D. 8421BCD 码

22. 在计算机显示器上或者打印机上输出中文信息时,采用的编码是(　　)。
    A. EBCDIC 编码　　　　　　　B. 字音编码
    C. 字形码　　　　　　　　　　D. 交换码

23. 计算机在显示彩色照片时,把照片分解为(　　)。
    A. 位图阵列　　　B. 基本图元　　　C. 矢量集合　　　D. 二值位图

24. 计算机语言有许多种,其中与硬件直接相关的是(　　)。
    A. 网络语言　　　B. 操作系统　　　C. 机器语言　　　D. 高级语言

25. 程序设计语言的工程特性之一为(　　)。
    A. 软件的可重用性　　　　　　B. 数据结构的描述性
    C. 抽象类型的描述性　　　　　D. 数据库的易操作性

26. 下列语言中不属于高级语言的是(　　)。
    A. C 语言　　　B. 机器语言　　　C. FORTRAN 语言　D. C++ 语言

27. 能将高级语言编写的源程序转换为目标程序的是(　　)。
    A. 链接程序　　　B. 解释程序　　　C. 编译程序　　　　D. 编辑程序

28. 下列描述中正确的是(　　)。
    A. 程序是软件
    B. 软件开发不受计算机系统的限制
    C. 软件既是逻辑实体,又是物理实体
    D. 软件是程序、数据与相关文档的集

29. 计算机算法指的是(　　)。
    A. 计算方法　　　　　　　　　B. 排序方法
    C. 解决问题的有限运算序列　　D. 调度方法

30. 计算机算法必须具备输入、输出和(　　)5 个特性。
    A. 可行性、可移植性和可扩充性　　B. 可行性、确定性和有穷性
    C. 确定性、有穷性和稳定性　　　　D. 易读性、稳定性和安全性

31. 程序设计方法要求在程序设计过程中(　　)。
    A. 先编制出程序,经调试使程序运行结果正确后,再画出程序的流程图
    B. 先编制出程序,经调试使程序运行结果正确后,再在程序中的适当位置加
       注释
    C. 先绘制出流程图,再根据流程图编制出程序,最后经调试使程序运行结果正
       确后,再在程序中的适当位置加注释
    D. 以上说法都不对

32. 对于建立良好的程序设计风格,下面描述正确的是(　　)。
    A. 程序应简单、清晰、可读性好　　B. 符号名的命名只要符合语法
    C. 充分考虑程序的执行效率　　　　D. 程序的注释可有可无

33. 结构化程序设计的主要特征是( )。

    A. 封装和数据隐藏

    B. 继承和重用

    C. 数据和处理数据的过程分离

    D. 把数据和处理数据的过程看成一个整体

34. 面向对象程序设计将数据与( )放在一起,作为一个互相依存、不可分割的整体来处理。

    A. 信息   B. 数据抽象   C. 数据隐藏   D. 对数据的操作

35. 以下( )特征不是面向对象思想中的主要特征。

    A. 多态   B. 继承   C. 封装   D. 垃圾回收

36. 面向对象的程序设计语言必须具备的关键要素是( )。

    A. 抽象和封装   B. 抽象和多态性

    C. 抽象、封装、继承和多态性   D. 抽象、封装和继承性

37. 对C++语言和C语言的兼容性描述正确的是( )。

    A. C++兼容C   B. C++部分兼容C

    C. C++不兼容C   D. C兼容C++

38. C++对C语言作了很多改进,即从面向过程变成为面向对象的主要原因是( )。

    A. 增加了一些新的运算符

    B. 允许函数重载,并允许设置缺省参数

    C. 规定函数说明符必须用原型

    D. 引进了类和对象的概念

39. 一个C++源程序文件的扩展名为( )。

    A. h   B. c   C. cpp   D. cp

40. 编写C++程序一般需经过的几个步骤依次是( )。

    A. 编译、编辑、连接、调试   B. 编辑、编译、连接、调试

    C. 编译、调试、编辑、连接   D. 编辑、调试、编译、连接

二、填空题

1. 计算机硬件由＿＿＿＿、＿＿＿＿、存储器、输入设备和输出设备5大部分组成。

2. 在冯·诺依曼模型中,数据流从输入设备输入到运算器,然后送入＿＿＿＿。

3. 在64位高档计算机中,CPU能同时处理＿＿＿＿个字节的二进制数据。

4. 计算机中的指令是由＿＿＿＿和＿＿＿＿组成。

5. 任何进位记数制都包括基数和位权两个基本因素,十六进制的基数是＿＿＿＿,第i位的位权为＿＿＿＿。

6. 将二进制数101101.101转换为十进制数、八进制数和十六进制数的结果分别是＿＿＿＿、＿＿＿＿和＿＿＿＿。

7. 二进制数一般有＿＿＿＿、＿＿＿＿和＿＿＿＿三种表示法。

8. 8 位二进制补码整数能表示的最小数值是_____。

9. 在面向对象程序设计中,将一组数据和这组数据有关的操作集合组装在一起形成对象,这个过程叫_____;不同的对象可以调用相同名称的函数并导致完全不同的行为的现象称为_____。

10. _____技术是将数据和行为看成是一个统一的整体,是一个软件成分,即所谓的对象。

三、判断题

1. 物理地址和逻辑地址都是唯一代表内存单元的地址。　　　　　　　　　　(　　)

2. 机器语言和汇编语言都是计算机可以直接识别的语言。　　　　　　　　　(　　)

3. C++ 语言只支持封装性、继承性,不支持多态性。　　　　　　　　　　　(　　)

4. C++ 语言对 C 语言做了一些改进,增加了运算符和关键字,并且对类型管理更加严格。　　　　　　　　　　　　　　　　　　　　　　　　　　　　　　　(　　)

5. C++ 语言是一种解释方式的高级语言。　　　　　　　　　　　　　　　(　　)

6. C++ 源程序只能在编译时出现错误信息,而在连接时不会出现。　　　　　(　　)

四、计算题

1. 对数据 +10110B 作规格化浮点数的编码,假定其中阶码采用 5 位补码(包括阶符 1 位),尾数采用 11 位补码(包括尾符 1 位),底数是 2。

2. 已知 $[X]_{原}$＝10110101,求真值 X,其补码和反码。

3. 计算 $(56)_{补}$＋$(78)_{补}$＝? 并判断结果是否溢出。

五、简答题

1. 什么是嵌入式系统? 其特点有哪些?

2. 计算机中处理汉字用到哪些编码? 各用于什么目的?

3. 常见的多媒体数据的格式有哪些?

4. 常用的算法表示方法有哪些?

第2章

数据类型与表达式

一、选择题

1. 类型修饰符 unsigned 不能修饰(　　)。

    A. char　　　　　　B. int　　　　　　C. long int　　　　D. float

2. 在 C++ 语言的数据类型中,int、short 等类型的长度是(　　)。

    A. 固定的　　　　　B. 任意的　　　　　C. 由用户自定义　　D. 与机器字长有关

3. 下列选项中,均是合法的整型常量的是(　　)。

    A. 60　　　　　　　B. −0xcdf　　　　　C. −01　　　　　　D. −0x48a

    　　−0xffff　　　　　01a　　　　　　　986,012　　　　　2e5

    　　0011　　　　　　0xe　　　　　　　0668　　　　　　0x

4. 下列选项中,均是合法的实型常量的是(　　)。

    A. +1e+1　　　　　B. −0.10　　　　　C. 123e　　　　　　D. −e3

    　　5e−9.4　　　　　12e−4　　　　　　1.2e−.4　　　　　.8e−4

    　　03e2　　　　　　−8e5　　　　　　+2e−1　　　　　5.e−0

5. 下列字符串常量表示中,(　　)是错误的。

    A. "\"yes"or\"No\""　　　　　　　　B. "\'OK!\'"

    C. "abcd\n"　　　　　　　　　　　　D. "ABC\0"

6. 字符串"\t\v\\\0which\n"的长度是(　　)。

    A. 4　　　　　　　　　　　　　　　B. 3

    C. 9　　　　　　　　　　　　　　　D. 字符串有非法字符,输出值不确定

7. 以下不是 C++ 语言支持的存储类别的是(　　)。

    A. auto　　　　　　B. static　　　　　C. dynamic　　　　D. register

8. 下列不是 C++ 语言的合法用户标识符的是(　　)。

    A. a♯b　　　　　　B. _int　　　　　　C. a_10　　　　　　D. Pad

9. 下列字符中,可作为 C++ 语言程序自定义标识符的是(　　)。

    A. switch　　　　　B. file　　　　　　C. break　　　　　D. do

10. 表达式 32/5 * sqrt(4.0)/5 值的数据类型是(　　)。

    A. int　　　　　　　B. double　　　　　C. float　　　　　　D. 不确定

11. 设 int x＝2,y＝3,z＝4,则下列表达式中值不为 1 的是(   )。
    A. 'x'＆＆'z'   B. (!y＝1)＆＆(!z＝0)
    C. (x＜y)＆＆!z‖1   D. x‖y＋y＆＆z－y

12. 下列表达式的值为 false 的是(   )。
    A. 1＜3＆＆5＜7   B. !(2＞4)
    C. 3＆＆0＆＆1   D. !(5＜8)‖(2＜8)

13. 命题"10＜m＜15 或 m＞20"的C++语言表达式是(   )。
    A. ((m＞10)＆＆(m＜15)‖(m＞20))
    B. ((m＞20)＆＆(m＜15)‖(m＞10))
    C. (m＞10)‖((m＜15)＆＆(m＞20))
    D. ((m＞10)‖(m＜15)‖(m＞20))

14. 下列属于逻辑运算的一组算式是(   )。
    A. 1/1＝1   B. 1－1＝0   C. 1＋1＝10   D. 1＋1＝1

15. 若将一个十六进制数取反,应使该数与 0FFFFH 进行(   )运算。
    A. 逻辑"与"   B. 逻辑"或"   C. 逻辑"非"   D. 逻辑"异或"

16. 设 int a＝3,b＝4,c＝5;,表达式(a＋b)＞c＆＆b＝＝c 的值是(   )。
    A. 2   B. －1   C. 0   D. 1

17. 若 x 是一个 bool 型变量,y 是一个值为 100 的 int 型变量,则表达式!x ＆＆ y＞0 的值(   )。
    A. 为 true   B. 为 false   C. 与 x 的值相同 D. 与 x 的值相反

18. 设变量 m,n,a,b,c,d 均为 0,执行(m ＝ a＝＝b)＆＆(n＝c＝＝d)后,m,n 的值是(   )。
    A. 0,0   B. 0,1   C. 1,0   D. 1,1

19. 设 a 和 b 均为 double 型变量,且 a＝5.5,b＝2.5,则表达式(int)a＋b/b 的值是(   )。
    A. 6.500000   B. 6   C. 5.500000   D. 6.000000

20. 以下非法的赋值表达式是(   )。
    A. n＝(i＝2,i＋＋);   B. j＋＋;
    C. ＋＋(i＋1);   D. x＝j＞0;

21. 设 a＝2,b＝3,c＝2;,计算 a＋＝b＊＝(＋＋b－c＋＋)中 a、b、c 的值为(   )。
    A. 8、6、2   B. 2、4、2   C. 10、8、3   D. 5、3、3

22. 设 int x＝2,y＝4,z＝7;,则执行 x＝y－－＜＝x‖x＋y!＝z 后,x,y 的值分别为(   )。
    A. 0,3   B. 1,3   C. 2,3   D. 2,4

23. 表达式!x 等效于(   )。
    A. x＝＝1   B. x＝＝0   C. x!＝1   D. x!＝0

24. 若 x 和 y 为整型数,以下表达式中不能正确表示数学关系$|x-y|＜10$的是(   )。
    A. abs(x－y)＜10

B. x－y>－10 && x－y<10

C. !(x－y)<－10 ‖ !(y－x)>10

D. (x－y)*(x－y)<100

25. 设以下变量均为 int 类型,则值不等于 7 的表达式是(   )。

A. (x=y=6,x+y,x+1)   B. (x=y=6,x+y,y+1)

C. (x=6,x+1,y=6,x+y)   D. (y=6,y+1,x=y,x+1)

26. 若变量 a 是 int 类型,并执行了语句 a='A'+1.6;,则正确的叙述是(   )。

A. a 的值是字符 C   B. a 的值为浮点型

C. 不允许字符型与浮点型相加   D. a 的值是字符'A'的 ASCII 值加上 1

27. 若有 int i=3,j=1,k=2;float f;,执行语句 f=(i<j&&j<k)? i:(j<k)? j:k;后,f 的值为(   )。

A. 3.0   B. 1.0   C. 2.0   D. 5.0

28. 设 int m1=5,m2=3;,表达式 m1>m2 ?(m1=1):(m2=－1)运算后,m1 和 m2 的值分别是(   )。

A. 1 和 3   B. 1 和－1   C. 5 和－1   D. 5 和 3

29. sizeof(long)的值是(   )。

A. 1   B. 2   C. 3   D. 4

30. 若有定义 int x=1,y=2;,则 x & y 的值是(   )。

A. 0   B. 2   C. 3   D. 5

31. 若有定义 char c1=82,c2=82;,则以下表达式中值为 0 的是(   )。

A. ~c2   B. c1&c2   C. c1^c2   D. c1|c2

32. C++ 运算符的优先级由高到低排列正确的是(   )。

A. *=、<<、>、%、sizeof   B. <<、*=、>、%、sizeof

C. *=、>、<<、sizeof、%   D. *=、>、<<、%、sizeof

33. 在下列成对的表达式中,运算符＋的意义不相同的一对是(   )。

A. 5.0+2.0 和 5.0+2   B. 5.0+2.0 和 5+2.0

C. 5.0+2.0 和 5+2   D. 5+2.0 和 5.0+2

34. 与数学公式 $3x^n/(2x-1)$ 对应的C++ 语言表达式是(   )。

A. 3*x^n/(2*x-1)   B. 3*x**n/(2*x-1)

C. 3*pow(x,n)/(2*x-1)   D. 3*pow(n,x)/(2*x-1)

35. 设 x,y,u,v 均为浮点型,与数学公式 $\frac{x\times y}{u\times v}$ 不等价的C++ 语言表达式是(   )。

A. x*y/u*v   B. x*y/u/v   C. x*y/(u*v)   D. x/(u*v)*y

二、填空题

1. 浮点数的默认精度值是_____。

2. 如果要把 PI 声明为值等于 3.14159,类型为双精度实数的符号常量,该声明语句是_____。

3. 在 C++ 中，声明逻辑类型变量所用的关键字是_____。

4. 在一个 C++ 程序中，每个变量都必须遵循_____的原则。

5. 如果 a＝1,b＝2,c＝3,d＝4,则条件表达式 a＜b? a:c＜d? c:d 的值是_____。

6. 设有定义语句 int a＝12;,则表达式 a＊＝2＋3 的运算结果是_____。

7. 若有整型变量 x＝2,则表达式 x＜＜2 的结果是_____。

8. 已知 x＝10101110,y＝10010111,则 x&y 的结果是_____,x｜y 的结果是_____。

9. 设有 char a,b;,若要通过 a&b 运算屏蔽掉 a 中的其他位,只保留第 1 位和第 7 位（右起为第 0 位）,则 b 的二进制数是_____。

10. 测试 char 型变量 a 的第 5 位是否为 1 的表达式是_____。

11. 把 int 型变量 low 中的低字节及 int 型变量 high 中的高字节放入 int 型变量 s 中的表达式是_____。

12. 数学公式 $y=\begin{cases}2x & x\leqslant-5\\0 & -5<x<5\\-7x & x\geqslant5\end{cases}$ 的 C++ 语言表达式为_____。

13. 与表达式 b＝b＋5＋a,a＝a－1 等效的 C++ 语言表达式为_____。

14. 判断变量 a、b、c 的值是否是一个等差数列中连续三项的 C++ 语言表达式为_____。

15. 数学表达式 $\dfrac{xy}{\sqrt{2\pi}}$ 的 C++ 语言表达式为_____。

三、计算题

1. 试分别写出以下运算的结果：

(1) 将补码操作数 10010101 左移一位。

(2) 将补码操作数 10010100 右移两位。

2. 在某 32 位系统下,请计算 sizeof 的值：

```
char str[]="http://www.ibegroup.com/";
char * p=str;
int n=10;
```

计算：

```
sizeof(str)=?
sizeof(p)=?
sizeof(n)=?
```

四、简答题

1. 有程序段 int m＝12；m＝15;,为什么整型变量 m 的值在运行后不是当初的 12,而是 15?

2. 为什么应避免将一个很大的实数与一个很小的实数直接相加或相减？

3. 以下数值分别赋给不同类型的变量，请写出赋值后数据在内存中的存储形式（十六进制）。

变量的类型	12345	−1	32769	−128	255	789
int 型（16 位）						
long 型（32 位）						
char 型（8 位）						

4. 变换两个变量的值，不借助于额外的存储空间，都有哪些方法？

第3章

程序控制结构

一、选择题

1. 内部格式操作函数是在头文件( )中定义的。
   A. iostream. h   B. iomanip. h   C. istream. h   D. ostream. h

2. 对于语句 cout<<endl<<x;中的各个组成部分,下列叙述中错误的是( )。
   A. cout 是一个输出流对象
   B. endl 的作用是输出回车换行
   C. x 是一个变量
   D. <<称作提取运算符

3. 在 ios 中提供控制格式的标志位中,( )是转换为十六进制形式的标志位。
   A. Hex   B. oct   C. dec   D. left

4. 定义变量 char one_char;,则语句 cout<<one_char;的显示结果相当于 C 语言中的( )。
   A. printf(one_char);
   B. printf("%c",one_char);
   C. scanf(one_char);
   D. scanf("%c",&one_char);

5. 若有定义 int x=17;,则语句 cout<<oct<<x;的输出结果是( )。
   A. 11   B. 0x11   C. 21   D. 021

6. 与 C 语言 printf("Hello,World\n");的语句功能相同的C++语句是( )。
   A. cout>>"Hello,World\n";
   B. cout<<"Hello,World\n";
   C. cin>>"Hello,World\n";
   D. cin<<"Hello,World\n";

7. 与语句 cout<<endl;不等价的是( )。
   A. cout<<'\n'
   B. cout<<'\12'
   C. cout<<'\xA'
   D. cout<<'\0'

8. 下列程序的运行结果是( )。

```
1  #include <iostream.h>
2  void main()
3  {
4  int a=2;
5  int b=a+1;
6  cout<<a/b<<endl;
7  }
```

   A. 0.66667   B. 0   C. 0.7   D. 0.6666666…

9. 流程控制语句的基本控制结构有三种,不属于这三种结构的是(　　)。

　　A. 顺序结构　　　　　B. 选择结构　　　　C. 循环结构　　　　D. 计算结构

10. 在设计程序时,应采纳的原则之一是(　　)。

　　A. 不限制 goto 语句的使用　　　　　B. 减少或取消注解行

　　C. 程序越短越好　　　　　　　　　　D. 程序结构应有助于读者理解

11. if 语句的语法格式可描述为:

```
if(<条件>)<语句>或 if(<条件>)<语句 1>else <语句 2>
```

　　关于上面的语法格式,下列表述中错误的是(　　)。

　　A. <条件>部分可以是一个 if 语句,例如 if(if(a==0)…)…

　　B. <语句>部分可以是一个 if 语句,例如 if(…)if(…)…

　　C. 如果在<条件>前加上逻辑非运算符"!",并交换<语句 1>和<语句 2>的位置,语句功能不变

　　D. <语句>部分可以是一个循环语句,例如 if(…) while(…)…

12. 在 if 语句中的表达式(　　)。

　　A. 只能是表达式　　　　　　　　　B. 只能是关系表达式和逻辑表达式

　　C. 只能是逻辑表达式　　　　　　　D. 可以是任意表达式

13. 执行语句序列:

```
int x;
cin>>x;
if(x>250) cout<<'A';
if(x<250) cout<<'B';
else cout<<'A';
```

　　时,不可能出现的情况是(　　)。

　　A. 显示：A　　　　　B. 显示：B　　　　　C. 显示：AB　　　　D. 显示：AA

14. 阅读下面的程序:

```
1  #include <iostream.h>
2  void main(){
3  int x;
4  cin>>x;
5  if (x++>5)
6  cout <<x<<endl;
7  else
8  cout<<x--<<endl;
9  }
```

　　如果两次执行上述程序,且键盘输入分别是 4 和 6,则输出结果是(　　)。

　　A. 4,6　　　　　　B. 3,6　　　　　　C. 4,7　　　　　　D. 5,7

15. 下列描述正确的是(　　)。

　　A. 表示 m>n 为 false 或 m<n 为 true 的表达式为(m>n&&m<n)

B. switch 语句结构中必须有 default 语句

C. if 语句结构中必须有 default 语句

D. 如果至少有一个操作数为 true,则包含"‖"运算符的表达式为 true

16. 执行语句序列:

```
int n;
cin>>n;
switch(n){
case 1:
case 2: cout<<'A';
case 3:
case 4: cout<<'B'; break;
default:cout<<'C';
}
```

时,不可能出现的情况是(　　)。

A. 显示:A　　　　B. 显示:B　　　　C. 显示:C　　　　D. 显示:AB

17. 关于 switch 语句的说明中,错误的是(　　)。

A. default 语句是可缺省的

B. 各个分支中的 break 语句起着退出 switch 语句的作用

C. switch 结构不可以嵌套

D. 每个 case 语句中不必用{},而整体的 switch 结构一定要写一对花括号{}

18. while(!x)中的(!x)与下面条件(　　)等价。

A. x==1　　　　B. x!=1　　　　C. x!=0　　　　D. x==0

19. 已知 int i=5,下列 do-while 循环语句的循环次数为(　　)。

```
do{cout<<i--<<endl;
i--;
}while(i!=0);
```

A. 0　　　　　　B. 1　　　　　　C. 5　　　　　　D. 无限

20. 下面程序段(　　)。

```
x=3;
do{
y=x--;
if(!y){
cout<<"x";
continue;
}
cout<<"#";
}while(x>=1 && x<=2);
```

A. 将输出 ＃＃　　　　　　　　　B. 将输出 ＃＃＃

C. 是死循环　　　　　　　　　　D. 含有不合法的控制表达式

21. for(int x=0,y=0;!x&&y<=5;y++)语句执行循环的次数是( )。
    A. 0   B. 5   C. 6   D. 无限

22. 以下程序的输出结果是( )。

```
#include <iostream.h>
void main(){
char s[]="abcdefbcde",* p=s;
int v1=0,v2=0,v3=0,v4=0;
for (p;* p;p++)
switch(* p){
  case 'a':v1++;break;
  case 'b':v3++;break;
  case 'e':v2++;break;
  default: v4++;
}
cout<<v1<<","<<v2<<","<<v3<<","<<v4<<endl;
}
```

A. 1,2,2,5   B. 4,7,5,8   C. 1,5,3,10   D. 8,8,8,8

23. 下面有关 for 循环的正确描述是( )。
    A. for 循环只能用于循环次数已经确定的情况
    B. for 循环是先执行循环体语句,后判断表达式
    C. 在 for 循环中,不能用 break 语句跳出循环体
    D. for 循环的循环体语句中可以包含多条语句,但必须用大括号括起来

24. C++ 语言的跳转语句中,对于 break 和 continue 说法正确的是( )。
    A. break 语句只应用于循环体中
    B. continue 语句只应用于循环体中
    C. break 是无条件跳转语句,continue 不是
    D. break 和 continue 的跳转范围不够明确,容易产生问题

二、填空题

1. 使用如 setw()的操作符对数据进行格式输出时,应包含_____文件。

2. 执行下列代码:

```
int a=29,b=100;
cout <<setw (3) <<a <<b <<endl;
```

程序的输出结果是_____。

3. 执行下列代码:

```
cout << "Hex:"<<hex <<255;
```

程序的输出结果为_____。

4. 在 ios 类中定义的用于控制输入输出格式的枚举常量中,用于代表十进制、八进制

和十六进制的三个枚举常量是 dec、oct 和_____。

5. 控制格式输入输出的操作中,函数_____是设置域宽,函数_____是设置填充字符(要求给出函数名和参数类型)。

6. C++ 语言中可以实现输出一个换行符并刷新流功能的操控符是_____。

7. C++ 中有 4 种循环语句,它们是 goto 语句构成的循环、while 循环、do…while 循环和_____循环。

8. 将以下程序写成三目运算表达式是_____。

```
if (a>b) max=a;else max=b;
```

9. 下列循环语句的循环次数是_____。

```
while (int i=0) i--;
```

10. switch 后面括号中的表达式只能是整型、_____或枚举型。

三、程序阅读题

1. 当从键盘上输入"1.5 ⌴ 10"时,请写出下面程序的执行结果。

```
1  # include<iostream.h>
2  void main ( ) {
3    int a,b,c;
4    char ch;
5    cin>>a>>ch>>b>>c;//从键盘上输入"1.5⌴10"
6    cout<<a<<endl<<ch<<endl<<b<<endl<<c;
7  }
```

2. 请写出下面程序的执行结果。

```
1  # include <iomanip.h>
2  void main (){
3    cout <<setprecision(4) <<123456 <<endl <<123456.567;
4  }
```

3. 请写出下面程序的运行结果。

```
1  # include<iostream>
2  using namespace std;
3  int main(){
4    int s;
5    for (int k=2;k<6;k+=2){
6      s=1;
7      for (int j=k;j<6;j++)
8        s+=j;
9    }
10   cout<<s<<endl;
```

```
11  }
```

4. 请写出程序的运行结果。

```
1   #include <iostream.h>
2   void main(){
3     cout.fill('*');
4     cout.width(10);
5     cout<<"123.45"<<endl;
6     cout.width(8);
7     cout<<"123.45"<<endl;
8     cout.width(4);
9     cout<<"123.45"<<endl;
10  }
```

5. 请写出下面程序的输出结果。

```
1   #include <iostream.h>
2   void main(){
3     int a;a=3;
4     a+=a-=a*a;
5     cout<<"a="<<a<<endl;
6   }
```

6. 请写出下面程序的输出结果。

```
1   #include <iostream.h>
2   void main(){
3     int x,y,t;
4     x=y=3;
5     t=++x||++y;
6     cout<<"y="<<y<<endl;
7   }
```

7. 请写出下面程序的输出结果。

```
1   #include<iomanip.h>
2   void main() {
3     int a[9]={1,2,3,4,5,6,7,8,9};
4   for(int i=0; i<9; i++) {
5   cout <<setw(4) <<a[i];
6   if(i%3==2)
7      cout<<endl;
8   }
9   }
```

8. 请写出下面程序的输出结果。

```
1   #include <iostream.h>
```

```
2   void main(void){
3     int n=6, k;
4     cout <<  n <<" Factors ";
5     for (k=2; k <n; k++)
6     if (n %k ==0)
7     cout <<k << "␣";
8     cout <<endl;
9   }
```

9. 请写出下面程序的输出结果。

```
1   #include<iostream.h>
2   void main(){
3     for(int i=-1;i<4;i++)
4     cout<<(i?'0':'*');
5   }
```

10. 请写出下面程序的输出结果。

```
1   #include "iostream.h"
2   int main() {
3     int i=17;
4     while(i>=10)
5     if(--i%4==3)
6     continue;
7     else
8     cout<< "i="<<i--<<endl;9
9   }
```

四、程序填空题

1. 下面是一个输入圆半径,输出其面积和周长的C++程序,在下划线处填上正确的
语句。

```
1   #include<iostream>
2   using namespace std;
3   (1_____) pi=3.14159;
4   void main( ){
5     double r;
6     cout<<"r=";
7     (2_____);
8     double l=2.0 * pi * r;
9   double s=pi * r * r;
10  cout<<"\n The long is: "<<l<<endl;
11    cout<<"The area is: "<<s<<endl;
```

```
12    }
```

2. 程序填空。完成功能：求出 1000 以内的全部素数。

```
1    #include<iostream.h>
2    void main(){
3      const int m=1000;
4      int i,j,isprime;
5      for (i=2; (1_____);i++){
6          isprime=1;
7          for ((2_____);j>1;j--)
8              if (i%j==0) (3_____);
9          if (isprime) cout<<i<<',';
10         if (i%30==0) cout<<endl;
11     }
12    }
```

五、程序设计题

1. 输入两个两位数的正整数 a、b，编写程序将 a、b 合并形成一个整数放在 c 中，合并的方式是：将 a 数的十位和个位数依次放在 c 数的百位和个位上，b 数的十位和个位数依次放在 c 数的十位和千位上，输出 c 的结果。

2. 设圆半径 $r=1.5$，圆柱高 $h=3$，求圆周长、圆面积、圆球表面积、圆球体积、圆柱体积。编写程序输入数据，输出计算结果。输出时要求有文字说明，取小数点后 2 位数字。

3. 编写一个模拟简单计算器的程序，计算表达式 a1 op a2 的值，要求 a1、op、a2 从键盘输入。其中 a1、a2（作除数时不能为 0）为数值，op 为运算符＋、－、＊、／。

4. 编写程序输出"九九乘法表"。

5. 编写程序先输入 n，再输入 n 个实数并分别统计正数的和、负数的和，然后输出统计结果。

6. 编写程序利用公式 $\pi=4\left(1-\frac{1}{3}+\frac{1}{5}-\frac{1}{7}+\frac{1}{9}\cdots\right)$ 计算 π 的近似值，直到括号中最后一项的绝对值小于 10^{-6} 为止。

7. 编写程序连续输入 a_1、a_2……a_{15}，计算下列表达式的值并输出。

$$1+\cfrac{a_1}{1+\cfrac{a_2}{1+\cfrac{a_3}{1+\cdots\cfrac{}{1+\cfrac{a_{14}}{1+a_{15}}}}}}$$

8. 编写程序实现输入两个正整数 m 和 n，输出两数间的所有素数及其个数。

9. 编写程序验证歌德巴赫猜想：一个大偶数（大于 2 的偶数）等于两个素数之和。首先输入一个数，如果不是大偶数，则要求重新输入，如果是 0 则停止；如果是大偶数，则求出两个素数之和等于大偶数。

10. 分子为 1 的分数称为埃及分数，现输入一个真分数，编写程序将该分数分解为埃及分数。如 8/11＝1/2＋1/5＋1/55＋1/110。

11. 某级数的前两项为 $A_1＝1$，$A_2＝1$，以后各项具有如下关系：$A_n＝A_{n-2}＋2A_{n-1}$。编写程序要求依次对于整数 $M＝100,1000$ 和 10000 求出对应的 n 值，使其满足 $S_n＜M$ 且 $S_{n+1}≥M$，这里 $S_n＝A_1＋A_2＋\cdots＋A_n$。

12. 百钱买百鸡。公鸡一只值五钱，母鸡一只值三钱，鸡雏三只值一钱，百钱买百鸡，问公鸡，母鸡，鸡雏各多少只？

13. 【提高题】中国有句俗语叫"三天打鱼两天晒网"。某人从 2000 年 1 月 1 日起开始"三天打鱼两天晒网"，编写程序判断这个人在以后的某一天中是"打鱼"还是"晒网"。

14. 【提高题】两面族是荒岛上的一个新民族，他们的特点是说话真一句假一句且真假交替。如果第一句为真的，则第二句是假的；如果第一句为假的，则第二句就是真的，但是第一句是真是假没有规律。迷语博士遇到三个人，知道他们分别来自三个不同的民族：诚实族、说谎族和两面族。三人并肩站在博士前面。博士问左边的人："中间的人是什么族的？"，左边的人回答："诚实族的"。博士问中间的人："你是什么族的？"，中间的人回答："两面族的"。博士问右边的人："中间的人究竟是什么族的？"，右边的人回答："说谎族的"。编写程序判断这三个人是哪个民族的。

15. 【提高题】编写程序在屏幕上打印如下的 Sin 函数曲线。

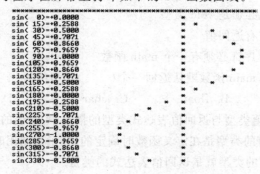

第4章

函数

一、选择题

1. 下列特性中,C 与 C++ 共有的是(   )。
   A. 继承   B. 封装   C. 多态性   D. 函数定义不能嵌套

2. 必须用一对大括号括起来的程序段是(   )。
   A. switch 语句中的 case 标号语句   B. if 语句的分支
   C. 循环语句的循环体   D. 函数的函数体

3. 关于 C++ 主函数特性,下列叙述正确的是(   )。
   A. 主函数在同一个 C++ 文件中可以有两个
   B. 主函数类型必须是 void 类型
   C. 主函数一定有返回值
   D. 每个 C++ 程序都必须有一个 main 函数

4. 在 C++ 语言中,main 函数默认返回一个(   )类型的值。
   A. int   B. float   C. char   D. void

5. 在函数的返回值类型与返回值表达式类型的描述中,错误的是(   )。
   A. 函数返回值的类型是在定义函数时确定的,在函数调用时不能改变
   B. 函数返回值的类型就是返回值表达式的类型
   C. 函数返回值的类型与返回值表达式类型不同时,函数表达式类型应转换成返回值类型
   D. 函数返回值的类型决定了返回值表达式的类型

6. C++ 语言中规定函数的返回值类型是由(   )。
   A. return 语句中的表达式类型所决定
   B. 调用该函数时的主调用函数类型所决定
   C. 调用该函数时系统临时决定
   D. 在定义该函数时指定的数据类型所决定

7. 若调用一个函数,且此函数中没有 return 语句,则正确的说法是该函数(   )。
   A. 没有返回值
   B. 返回若干个系统默认值
   C. 有返回值,但返回一个不确定的值

　　D. 返回一个用户所希望的函数值

8. 下列叙述中错误的是(　　　)。

　　A. 一个函数中可以有多条 return 语句

　　B. 调用函数必须在一条独立的语句中完成

　　C. 函数中通过 return 语句传递函数值

　　D. 主函数名 main 也可以带有形参

9. 在 C++ 中把不返回任何类型的函数说明为(　　　)。

　　A. int　　　　　　　B. float　　　　　C. char　　　　　D. void

10. 假定 n=2,下列程序的运行结果是(　　　)。

```
1    # include <iostream.h>
2    int fun(int m);
3    void main(){
4      cout<<"please input a number:";
5      int n,s=0;
6      cin>>n;
7      s=fun(n);
8      cout<<s<<endl;
9    }
10   int fun(int m)
11   {
12     int p=1,s=0;
13     for(int i=1;i<=m;i++)
14     {
15       p*=i;
16       s+=p;
17     }
18     return s;
19   }
```

　　A. 1　　　　　　　B. 3　　　　　　C. 5　　　　　　D. 7

11. 不合法的 main 函数命令行参数表示形式是(　　　)。

　　A. main(int a,char * c[1])　　　　B. main(int arc,char **arv)

　　C. main(int argc,char * argv)　　D. main(int argy,char * argc[])

12. 在函数的定义格式中,下面各组成部分中,(　　　)是可以省略的。

　　A. 函数名　　　　　　　　　　B. 函数数据类型说明

　　C. 函数体　　　　　　　　　　D. 函数参数

13. 在 C++ 中所有的函数名称后面都紧跟着一对括号,其中既可以没有内容,也可以包含函数的参数,这对括号是(　　　)。

　　A. ()　　　　　　　B. <>　　　　　　C. []　　　　　　D. {}

14. 函数调用 func((exp1,exp2),(exp3,exp4,exp5))中所含实参的个数为(　　　)。

　　A. 1　　　　　　　B. 2　　　　　　C. 4　　　　　　D. 5

15. 在参数传递过程中,对形参和实参的要求是( )。

    A. 函数定义时,形参一直占用存储空间

    B. 实参可以是常量、变量或表达式

    C. 形参可以是常量、变量或表达式

    D. 形参和实参类型和个数都可以不同

16. 在函数的引用调用时,实参和形参应该是使用( )。

    A. 变量值和变量   B. 地址值和指针

    C. 地址值和引用   D. 变量值和引用

17. 使用值传递方式将实参传给形参,下列说法正确的是( )。

    A. 形参是实参的备份   B. 实参是形参的备份

    C. 形参和实参是同一对象   D. 形参和实参无联系

18. 下列函数调用中,对调用它的函数没有起到任何作用的是( )。

    A. void f1(double & x){--x;}

    B. double f2(double x){return x-1.5;}

    C. void f3(double x){--x;}

    D. double f4(double * x){-- * x;return * x;}

19. 对于某个函数调用,不给出调用函数的声明的情况是( )。

    A. 被调用函数是无参函数   B. 被调用函数是无返回值的函数

    C. 函数的定义在调用处之前   D. 函数的定义在别的程序文件中

20. 以下正确的说法是( )。

    A. 用户若需要调用标准函数,调用前必须重新定义

    B. 用户可以直接调用所有标准库函数

    C. 用户可以定义和标准库函数重名的函数,但是在使用时调用的是系统库函数

    D. 用户可以通过文件包含命令将系统库函数包含到用户源文件中,然后调用系统库函数

21. 在( )的情况下适宜采用 inline 定义内联函数。

    A. 函数体含有循环语句   B. 函数体含有递归语句

    C. 函数代码少、频繁调用   D. 函数代码多、不常调用

22. 下列( )类型函数不适合声明为内联函数。

    A. 函数体语句较多   B. 函数体语句较少

    C. 函数执行时间较短   D. 函数执行时间过长

23. 在 C++ 中编写一个内联函数 Fsqu,使用 double 类型的参数,求其平方并返回,返回值为 double 类型,下列定义正确的是( )。

    A. double Fsqu (double x){return x * x;}

    B. inline double Fsqu (double x){return x * x;}

    C. double inline Fsqu (double x){return x * x;}

    D. double Fsqu (double x){inline return x * x;}

24. 下列对定义重载函数的要求中,(   )是错误的提法。

    A. 要求参数的个数相同

    B. 要求参数的类型相同时,参数个数不同

    C. 函数的返回值可以不同

    D. 要求参数的个数相同时,参数类型不同

25. 一个函数为 void x(int,char ch='a'),另一个函数为 void x(int),则它们(   )。

    A. 不能在同一程序中定义

    B. 可以在同一程序中定义并可重载

    C. 可以在同一程序中定义,但不可以重载

    D. 以上说法均不正确

26. 重载函数在调用时选择的依据中,错误的是(   )。

    A. 函数的参数　　　　　　　　B. 参数的类型

    C. 函数的名字　　　　　　　　D. 函数返回值类型

27. 下列函数原型声明中错误的是(   )。

    A. void fun(int x＝0,int y＝0);　　B. void fun(int x,int y);

    C. void fun(int x,int y＝0);　　　　D. void fun(int x＝0,int y);

28. 一个函数带有参数说明时,参数的默认值应该在(   )中给出。

    A. 函数定义　　　B. 函数声明　　　C. 函数定义或声明　　D. 函数调用

29. 下列关于函数参数默认值的描述中,正确的是(   )。

    A. 函数参数的默认值只能设置一个

    B. 若一个函数含有多个参数,其中一个参数设置成默认值后,其后所有参数都
       必须设置默认值

    C. 若一个函数含有多个参数,则设置默认参数时可以不连续设置默认值

    D. C++语言中函数都必须设有默认值

30. 模板函数的真正代码是在(   )时产生。

    A. 源程序中声明函数　　　　　B. 源程序中定义函数

    C. 源程序中调用函数　　　　　D. 运行执行函数

31. 有如下函数模板定义:

```
Template <class T>
T func(T x,T y){return x * x+y * y;}
```

在下列对 func 的调用中,错误的是(   )。

    A. func(3,5);　　　　　　　　B. func(3.0,5.5);

    C. func(3,5.5);　　　　　　　D. func＜int＞(3,5.5);

32. 以下关于函数模板叙述正确的是(   )。

    A. 函数模板也是一个具体类型的函数

    B. 函数模板的类型参数与函数的参数是同一个概念

    C. 通过使用不同的类型参数,函数模板可以生成不同类型的函数

　　　D. 用函数模板定义的函数没有类型

33. 通常情况下,函数模板中的类型参数个数不能是(　　　)。

　　A. 0　　　　　　B. 2　　　　　　C. 4　　　　　　D. 3

34. 下面的函数模板定义中错误的是(　　　)。

　　A. template＜class Q＞　　　　　　B. template ＜class Q＞
　　　　Q F(Q x){return Q－x;}　　　　　Q F(Q x){return x＋x;}

　　C. template ＜class T＞　　　　　　D. template ＜class T＞
　　　　T F(T x){return x＊x;}　　　　　　bool F(T x){return x＞1;}

35. 实现两个相同类型数加法的函数模板的声明是(　　　)。

　　A. add(T x,T y)　　　　　　　　　B. T add(x,y)

　　C. T add(T x,y)　　　　　　　　　D. T add(T x,T y)

36. 设存在函数 int min(int,int)返回两参数中较小值,若求 10,55,78 三者中最小值,下列表达式不正确的是(　　　)。

　　A. int m＝min(10,min(55,78));　　B. int m＝min(min(10,55),78);

　　C. int m＝min(10,55,78);　　　　D. int m＝min(55,min(10,78));

37. 不能实现函数之间数据传递的是(　　　)。

　　A. 全局变量　　　B. 局部变量　　　C. 函数接口　　　D. 函数返回值

38. 所有在函数中定义的变量,连同形式参数都是(　　　)。

　　A. 全局变量　　　B. 局部变量　　　C. 静态变量　　　D. 寄存器变量

39. 内部静态变量的作用域是(　　　)。

　　A. 定义该静态变量的函数外部　　　B. 定义该静态变量的函数内部

　　C. 定义该静态变量的文件外部　　　D. 定义该静态变量的文件内部

40. 进行初始化即可自动获取初值为 0 的变量包括(　　　)。

　　A. 任何用 static 修饰的变量

　　B. 任何在函数外定义的变量

　　C. 局部变量和用 static 修饰的全局变量

　　D. 全局变量和用 static 修饰的局部变量

41. 在函数中,可以用 auto、extern、register 和 static 这 4 个关键字中的一个来说明变量的存储类型。如果不说明存储类型,则默认的存储类型是(　　　)。

　　A. auto　　　　　B. extern　　　　　C. register　　　　D. static

42. 在一个C++源程序文件中定义的全局变量的有效范围是(　　　)。

　　A. 该C++ 程序的所有源程序文件

　　B. 本源程序文件的全部范围

　　C. 从定义变量的位置开始到本源程序文件结束

　　D. 函数内部全部范围

43. 在C++中有以下 4 条语句:static int hot＝200;,int ＆rad＝hot;,hot＝hot＋100;,cout＜＜rad＜＜endl;,执行这 4 条语句后的输出为(　　　)。

　　A. 0　　　　　　B. 100　　　　　　C. 300　　　　　　D. 200

44. 下面关于C++语言变量的叙述错误的是(　　)。

    A. C++语言中变量为 auto、static、extern 和 register 这 4 种存储类型

    B. 自动变量和外部变量的作用域为整个程序

    C. 内部静态变量的作用域是定义它的函数

    D. 外部静态变量的作用域是定义它的文件

45. 如果在一个源文件中定义的函数只能被本文件中的函数调用,而不能被同一程序的其他文件中的函数调用,则说明这个函数是(　　)。

    A. 私有函数　　　　B. 内部函数　　　　C. 外部函数　　　　D. 库函数

二、填空题

1. 当函数参数表用_____保留字表示时,表示该参数表为空。

2. 在 C++ 中函数原型不但能标识函数的_____,而且能标识函数参数的_____。

3. 在 C++ 程序中,所有函数在使用前都要使用相应的函数原型语句加以声明,但_____函数不需要声明。

4. 所有模板都以 template 关键字和一个_____表开头。

5. 已知 double A(double A){return ++a;}和 int A(int a){return ++a;}是一个函数模板的两个实例,则该函数模板的定义为_____。

6. 设函数 max 是由函数模板实现的,并且 max(3.5,5)和 max(10,5)都是正确的函数调用,则该模板具有_____个类型参数。

7. 在调用一个函数的过程中可以直接或间接地调用该函数,这种调用称为_____调用,该函数称为_____函数。

8. 已知递归函数 f 的定义如下:

```
int  f(int n){
  if (n<=1) return 1;         //递归结束情况
  else return n * f(n-2);     //递归
}
```

则函数调用语句 f(5)的返回值是_____。

9. 重新定义标识符的作用域规定是外层变量被隐藏,_____变量是可见的。

10. 关键字 static 有三个明显作用:_____、_____和_____。

三、程序阅读题

1. 请写出程序的运行结果。

```
1    #include<iostream.h>
2    int f(int a,int b){
3      int c;
4      if (a>b) c=1;
5      else
```

```
6      if (a==b) c=0;
7    else
8         c=-1;
9    return (c);
10 }
11 void main(){
12   int i=2,j=3;
13   int p=f(i,j);
14   cout<<p<<endl;
15 }
```

2. 请写出程序的输出结果。

```
1   # include <iostream>
2   using namespace std;
3   template <typename T>
4   T fun(T a,T b){return (a<=b)?a:b;}
5   int main(){
6   cout<<fun(3,6)<<','<<fun(3.14F,6.28F)<<endl;
7   return 0;
8   }
```

3. 请写出程序的输出结果。

```
1   # include<iostream.h>
2   void f2(int& x, int& y)
3   {
4   int z=x; x=y; y=z;
5   }
6   void main()
7   {
8   int x=10,y=26;
9   cout<<"x,y="<<x<<", "<<y<<endl;
10  f2(x,y);
11  cout<<"x,y="<<x<<", "<<y<<endl;
12  x++; y--;
13  f2(y,x);
14  cout<<"x,y="<<x<<", "<<y<<endl;
15  }
```

4. 请写出下面程序的输出结果。

```
1   # include <iostream.h>
2   # include<iomanip.h>
3   int i=1;
4   void other(void)
5   {
```

```
6     static int a=2,  b;
7     int c=10;
8     a=a+1; i=i+3; c=c+5;
9     cout<<setw(5)<<i<<setw(5)<<a<<setw(5)<<b<<setw(5)<<c<<endl;
10    b=a;
11    }
12
13    void main(void)
14    {
15    static int a;
16    int b=-5, c=0;
17    void other(void);
18    cout<<"_____i_____a_____b_____c\n";
19    cout<<setw(5)<<i<<setw(5)<<a<<setw(5)<<b<<setw(5)<<c<<endl;
20    c=c+8;  other();
21    cout<<setw(5)<<i<<setw(5)<<a<<setw(5)<<b<<setw(5)<<c<<endl;
22    i=i+10; other();
23    }
```

5. 阅读下列程序,并写出输出结果。

```
1     #include<iostream.h>
2     int f(int);
3     void main(){
4     int i;
5     for (i=0;i<3;i++)
6     cout<<f(i)<<"_";
7     cout<<endl;
8     }
9     int f(int a){
10        int b=0;
11        static int c=3;
12        b++;
13        c++;
14        return(a+b+c);
15    }
```

6. 阅读下列程序,并写出输出结果。

```
1     #include<iostream.h>
2     int min(int a,int b){
3     return a<b?a:b;
4     }
5     int min(int a,int b,int c){
6     int t=min(a,b);
7     return(min(t,c));
```

```
8    }
9    int min(int a,int b,int c,int d){
10   int t1=min(a,b);
11   int t2=min(c,d);
12   return min(t1,t2);
13   }
14   void main(){
15   cout<<min(12,3,6,8)<<endl;
16   cout<<min(-3,7,0)<<endl;
17   }
```

四、程序填空题

1. 在下划线处填上求两个浮点数之差的 cha 函数的原型声明、调用方法。

```
1    #include <iostream>
2     using namespace std;
3     void main( )
4     {
5     float a, b;
6     (1                        )              //函数 cha 的原型声明
7     a=12.5;
8     b=6.5;
9     float c=(2                    );         //调用函数 cha
10     cout<<c<<endl;
11    }
12    float cha(float x, float y)
13    {
14    float w;
15    w=x-y;
16    return w;
17     }
```

2. 在下面程序下划线处填上适当内容,使程序执行结果为:

```
     200 ⌐⌐100
1    #include <iostream.h>
2     Template (1                      )
3     T f(T x,T y){
4        if(sizeof(T)==(2                    ))
5           return x+y;
6        else
7           return x*y;
8     }
9     void main(){
10       cout<<f(10,20)<<"--"<<f(45.5,54.5)<<endl;
```

```
11  }
```

3. 在下划线处填上适当字句,完成求最大值函数模板的定义。

```
1    #include<iostream.h>
2    template<typename T>
3    T Max(T x,T y)
4    {
5        return(x>y?x:y);
6    }
7    (1_____)
8    T Max(T x, T y, T z)
9    {
10       T t=Max(x,y);
11       return((2_____));
12   }
13   void main()
14   {
15   int x;
16   double y;
17   x=Max(5,6);
18   y=Max(12.3,3.4,7.8);
19   cout<<"x=" <<x<<"y= "<<y<<endl;
20   }
```

4. 下面程序三次调用同一函数 sum,在下划线处填上适当内容,使输出结果为:

```
   S=2
   S=5
   S=9
```

```
1    #include<iostream.h>
2    void sum(int i)
3    {
4        static int s;
5    (1_____);
6        cout<<"S="<<s<<endl;
7    }
8    void main (void)
9    {
10       int i;
11       for (i=0; (2_____))
12           sum(i);
13   }
```

五、程序修改题

1. 以下程序实现交换 a,b 变量的值,请用下划线标出错误所在行并给出修改意见。

```
1    void swap(int m,int n)
2    {   int temp=m;  m=n;  n=temp;}
3    void main()
4    {   int a=5,b=10;
5    swap(a,b);
6    cout<<"a="<<a<<"b="<<b;
7    }
```

2. 下面程序通过调用函数模板实现计算两个正整数的最大公约数，请把 main 函数中的错误找出并改正过来。

```
1    #include<iostream.h>
2    template<class T>
3    T gcd(Tx,Ty){
4      while(x!=y)
5        if(x>y)x-=y;
6        else y-=x;
7      return x;
8    }
9    void main()
10   {
11     int a;
12     double d;
13     cin>>a>>d;
14     cout<<gcd(a,d)<<endl;
15   }
```

六、程序设计题

1. 按下列要求分别写出两个函数。

(1) 计算 $n!$，计算公式为 $n!=1\times2\times3\times\cdots\times n$，函数原型为 double fac(int n);。

(2) 调用上述函数计算 C_m^k，计算公式为 $C_m^k=\dfrac{m!}{k!(m-k)!}$，函数原型为 double cmk (int m, int k);，在主函数中调用这两个函数计算 C_8^3 的结果。

2. 采用递归方法求多项式 $P_n(x)=\begin{cases}1 & n=0\\ x & n=1\\ (2n-1)P_{n-1}(x)-(n-1)P_{n-2}(x)/n & n>1\end{cases}$。

其中 n 和 x 为任意正整数，计算当 $x=10$ 时的 $P_1(x),P_2(x),\cdots,P_{30}(x)$。在主函数中输入数据并调用函数得到结果。

3. 编写函数实现将公历转换成农历的计算，要求在主函数中输入公历日期，调用函数得到农历结果并输出(提示：公历转换成农历的算法可以从因特网上查找)。

4. 设人民币的面额有(以元为单位)1 分、2 分、5 分、1 角、2 角、5 角、1 元、2 元、5 元、10 元、20 元、50 元。编写函数 void change(double m,double c);，其中 m 为商品价格，

c 为顾客付款,函数能输出应给顾客找零金额的各种面额人民币的张数,且张数之和为最小。要求在主函数中输入商品价格和顾客付款,调用函数得到结果。

5. 编写函数实现左右循环移位。函数原型为 int move(int value,int n);,其中 value 为要循环移位的数,n 为移位的位数。如果 n<0 表示左移,n>0 表示右移,n=0 表示不移位。在主函数中输入数据并调用该函数得到结果,并输出结果。

6.【提高题】编写函数"int randb(int a,int b,int * r);",产生给定区间[a,b]内均匀分布的一个随机数。要求在主函数中给定随机种子数 $r_0=5$,调用 randb 函数产生 50 个 [101,200] 内均匀分布的随机数。

提示:首先产生在区间[0,s]内均匀分布的随机整数,其计算公式如下:

$$r_i = \mathrm{mod}(5r_{i-1}, 4m) \qquad P_i = \mathrm{int}(r_i/4)$$

其中初值为 $r_0 \geqslant 1$ 的奇数(随机种子数),$s=b-a+1$,$m=2^k$,$k=[\log_2 s]+1$。

然后将每个随机数加上 a,即得到实际需要的随机整数。

第5章

预处理命令

一、选择题

1. 以下叙述中错误的是(　　)。

   A. 预处理命令行都必须以♯开始

   B. 在程序中凡是以♯开始的语句行都是预处理命令行

   C. C++程序在执行过程中对预处理命令行进行处理

   D. 预处理命令行可以出现在C++程序中任意一行上

2. 以下有关宏替换的叙述中错误的是(　　)。

   A. 宏替换不占用运行时间　　　　　　　B. 宏名无类型

   C. 宏替换只是字符替换　　　　　　　　D. 宏名必须用大写字母表示

3. 在编译指令中,宏定义使用(　　)指令。

   A. ♯include　　　　B. ♯define　　　　C. ♯if　　　　D. ♯else

4. 设♯define P(x) x/x,执行语句 cout <<P(3 * 5);后的输出结果是(　　)。

   A. 1　　　　　　　B. 0　　　　　　　C. 25　　　　　　D. 15

5. 若有宏定义♯define MOD(x,y) x%y,下面程序段的结果是(　　)。

   ```
   int z,a=15; float b=100;
   z=MOD(b,a);
   cout<<z++;
   ```

   A. 11　　　　　　　B. 10　　　　　　C. 6　　　　　　　D. 语法错误

6. 在任何情况下计算平方都不会引起二义性的宏定义是(　　)。

   A. ♯define POWER(x) x * x　　　　　　B. ♯define POWER(x) (x) * (x)

   C. ♯define POWER(x) (x * x)　　　　　D. ♯define POWER(x) ((x) * (x))

7. 下面程序执行后的输出结果是(　　)。

   ```
   1   #include <iostream.h>
   2   #define ADD(x) x+x
   3   void main()
   4   {   int m=1,n=2,k=3,sum ;
   5       sum =ADD(m+n) * k ;
   6       cout<<sum;
   ```

```
7   }
```

    A. 9   B. 10   C. 12   D. 18

8. 下面程序执行后的输出结果是( )。

```
1   #include <iostream.h>
2   #define A 3
3   #define B 2 * A
4   #define C B+A
5   void main()
6   {   int a=B;
7       cout<<C<<"␣"<<--a<<endl;
8   }
```

    A. 9 ␣5   B. 2 ␣3   C. 9 ␣3   D. 7 ␣5

9. 下面程序执行后的输出结果是( )。

```
1   #include <iostream.h>
2   #define DOUBLE(r)   r * r
3   void main()
4   {   int x=1,y=2,t;
5       t =DOUBLE(x+y);
6       cout<<t;
7   }
```

    A. 5   B. 5.0   C. 4   D. 9.0

10. 定义宏将两个 float 类型变量的数据交换,下列写法中最好的是( )。

    A. #define jh(a,b) t=a;a=b;b=t;

    B. #define jh(a,b) {float t;t=a;a=b;b=t;}

    C. #define jh(a,b) a=b;b=a;

    D. #define jh(a,b,t) t=a;a=b;b=t;

11. 若有宏定义:

```
#define N 3
#define Y(n) ((N+1) * n)
```

    则表达式 2 * (N+Y(5+1))的值是( )。

    A. 出错   B. 42   C. 48   D. 54

12. 已知宏定义 #define p(x,y,z) x=y * z;,则宏替换 p(a,x+5,y-3.1)应为( )。

    A. a=x+5 * y-3.1;   B. a=(x+5) * (y-3.1);

    C. a=x+5 * y-3.1   D. a=(x+5) * (y-3.1)

13. 下面程序执行后的输出结果是( )。

```
1   #include <iostream.h>
2   #define MA(x) x * x-1
```

```
3  void main()
4  {  int a=1,b=2;
5     cout<<MA(1+a+b);
6  }
```

    A. 6   B. 8   C. 10   D. 12

14. 下面程序执行后的输出结果是(　　)。

```
1  #include <iostream.h>
2  #define f(x) (x) * (x)
3  void main()
4  {  int i1, i2;
5     i1=f(8)/f(4); i2=f(4+4)/f(2+2);
6     cout<<i1<<","<<i2;
7  }
```

    A. 64, 28   B. 4, 4   C. 4, 3   D. 64, 64

15. 下面程序执行后的输出结果是(　　)。

```
1  #include <iostream.h>
2  #define MAX(x,y) x>y ? x:y
3  void main()
4  {  int a=5,b=2,c=3,d=3,t;
5     t=MAX(a+b,c+d) * 10;
6     cout<<t;
7  }
```

    A. 9   B. 8   C. 7   D. 6

16. 下面程序执行后的输出结果是(　　)。

```
1  #include <iostream.h>
2  #define  R  0.5
3  #define  AREA(x) R * x * x
4  void main()
5  {  int a=1, b=2;
6     cout<<AREA(a+b);
7  }
```

    A. 0.0   B. 0.5   C. 3.5   D. 4.5

17. 在"文件包含"预处理命令形式中,当#include 后面的文件名用" "(双引号)括起时,寻找被包含文件的方式是(　　)。

    A. 直接按系统设定的标准方式搜索目录

    B. 先在源程序所在目录中搜索,再按系统设定的标准方式搜索

    C. 仅仅搜索源程序所在目录

    D. 仅仅搜索当前目录

18. 在"文件包含"预处理命令形式中,当#include 后面的文件名用< >(尖括号)括

起时,寻找被包含文件的方式是(　　)。

    A. 直接按系统设定的标准方式搜索目录

    B. 先在源程序所在目录中搜索,再按系统设定的标准方式搜索

    C. 仅仅搜索源程序所在目录

    D. 仅仅搜索当前目录

二、填空题

1. C++ 提供的预处理命令有嵌入指令、条件编译指令和_____。

2. 用预处理指令 #define 声明一个常数,用来表明 1 年中有多少秒(忽略闰年问题):_____。

3. 写一个"标准"宏 MIN,这个宏输入两个参数并返回较小的一个:_____。

4. 在 #include 命令中所包含的头文件,可以是系统定义的头文件,也可以是_____定义的头文件。

5. _____指令指示编译器将一个源文件嵌入到带该指令的源文件之中。

6. _____可以删除由 #define 定义的宏,使之不再起作用。

三、判断题

1. 宏替换时先求出实参表达式的值,然后代入形参运算求值。　　　　(　　)

2. 宏替换不存在类型问题,它的参数也是无类型。　　　　　　　　　(　　)

3. 在 C++ 语言标准库头文件中包含了许多系统函数的原型声明,因此只要程序中使用了这些函数,则应包含这些头文件,以便编译系统能对这些函数调用进行检查。(　　)

4. H 头文件只能由编译系统提供。　　　　　　　　　　　　　　　(　　)

5. #include 命令可以包含一个含有函数定义的C++ 语言源程序文件。　(　　)

6. 用 #include 包含的头文件的后缀必须是. h。　　　　　　　　　　(　　)

7. #include "C:\\USER\\F1. H"是正确的包含命令,表示文件 F1. H 存放在 C 盘的 USER 目录下。　　　　　　　　　　　　　　　　　　　　　(　　)

8. #include <…>命令中的文件名是不能包括路径的。　　　　　　　(　　)

9. 可以使用条件编译命令来选择某部分程序是否被编译。　　　　　　(　　)

10.【提高题】在软件开发中,常用条件编译命令来形成程序的调试或正式版本。

                                           (　　)

四、程序阅读题

1. 写出下面程序执行后的运行结果。

```
1  #include <iostream.h>
2  #define N 1
3  #define M N+2
4  #define NUM 3 * M+1
5  void main()
```

```
6  {   int i;
7      for(i=1;i<=NUM;i++)
8          cout<<i;
9  }
```

2. 写出下面程序执行后的运行结果。

```
1  #include <iostream.h>
2  #define SQR(X) X * X
3  void main()
4  {   int a=6, k=12, m=3;
5      a/=SQR(k+m)/SQR(k+m);
6      cout<<a;
7  }
```

3. 写出下面程序执行后的运行结果。

```
1  #include <iostream.h>
2  #define F(X,Y) (X) * (Y)
3  void main()
4  {   int a=3, b=4;
5      cout<<F(a++, b++);
6  }
```

4. 写出下面程序执行后的运行结果。

```
1  #include <iostream.h>
2  #include <math.h>
3  #define ROUND(x,m) ((int)((x) * pow(10,m)+0.5)/pow(10,m))
4  void main()
5  {   cout<<ROUND(12.3456,1)<<","<<ROUND(12.3456,2);
6  }
```

5. 头文件 CH05K005.h 的内容是：

```
1  #define N 4
2  #define M1 N * 2
```

写出下面程序执行后的运行结果。

```
1  #include <iostream.h>
2  #include "CH05K005.h"
3  #define M2 N * 2
4  void main()
5  {   int i;
6      i=M1+M2;
7      cout<<i;
8  }
```

6.【提高题】写出下面程序执行后的运行结果。

```
1    #include <iostream.h>
2    #define RELEASE 0
3    void main()
4    {   int i;    char str[20]="Northwest", c;
5        for (i=0;(c=str[i])!='\0';i++)    {
6    #if RELEASE
7            if (c>='a' && c<='z') c=c-32;
8    #else
9            if (c>='A' && c<='Z') c=c+32;
10   #endif
11           cout<<c;
12       }
13   }
```

7.【提高题】写出下面程序执行后的运行结果。

```
1    #include <iostream.h>
2    void main()
3    {       int b=5,y=3;
4    #define b 2
5    #define f(x) b*x
6            cout<<f(y+1);
7    #undef b
8            cout<<f(y+1);
9    #define b 3
10           cout<<f(y+1);
11   }
```

8.【提高题】写出下面程序执行后的运行结果。

```
1    #include <iostream.h>
2    #define DEBUG
3    void main()
4    {       int a=20 , b=10 , c;
5            c=a/b;
6    #ifdef DEBUG
7            cout<<a<<"/"<<b<<"=";
8    #endif
9            cout<<c;
10   }
```

五、程序设计题

1. 三角形的面积为 $area=\sqrt{s(s-a)(s-b)(s-c)}$，其中 $s=\dfrac{1}{2}(a+b+c)$，a、b、c 为三

角形的三边。定义两个带参数的宏,一个用来求 s,另一个用来求 area。编写程序在主函数中用带实参的宏名来求三角形的面积。

2. 我国最新的个人所得税(工资所得)缴纳方法为:每月取得工资收入后,先减去个人承担的基本养老保险金、医疗保险金、失业保险金,以及按省级政府规定标准缴纳的住房公积金,再减去费用扣除额 1600 元/月,为应纳税所得额,按 5%~45% 的 9 级超额(如下表所示)累进税率计算缴纳个人所得税。计算公式为:应纳个人所得税税额=应纳税所得额×适用税率-速算扣除数。

级数	全月应纳税所得额	税率/%	速算扣除法/元
1	不超过 500 元的	5	0
2	超过 500 元至 2000 元的部分	10	25
3	超过 2000 元至 5000 元的部分	15	125
4	超过 5000 元至 20000 元的部分	20	375
5	超过 20000 元至 40000 元的部分	25	1375
6	超过 40000 元至 60000 元的部分	30	3375
7	超过 60000 元至 80000 元的部分	35	6375
8	超过 80000 元至 100000 元的部分	40	10375
9	超过 100000 元的部分	45	15375

将上述个人所得税缴纳计算用带参数宏定义出来,使用这个宏定义,编写程序计算应缴纳所得税金额。

3. 上因特网查询我国住房贷款的计算办法,将这个计算办法用带参数宏定义出来,编写住房贷款计算器程序,使用这个宏定义就能计算出每月需要支付的住房贷款。

4. 【提高题】编写程序,在主程序中输入两个数 op1、op1 以及一个字符 com,然后根据 com 的值(menu='+','-','*','/'),选择 4 个函数调用并打印结果。这 4 个函数的原型为:

- int add(int a,int b):计算 a,b 的加法,在文件 CH05P04a.CPP 中编写。
- int sub(int a,int b):计算 a,b 的减法,在文件 CH05P04b.CPP 中编写。
- int mul(int a,int b):计算 a,b 的乘法,在文件 CH05P04c.CPP 中编写。
- int div(int a,int b):计算 a,b 的除法,在文件 CH05P04d.CPP 中编写。

5. 编写一个包含上述函数原型的头文件 CH05P04.h,在主程序文件 CH05P04.CPP 中使用 #include 包含它。建立项目工程文件,将以上所有源程序文件加入进行编译。

6. 【提高题】通常,软件开发者发行程序时会发行免费的试用版本,这个试用版本比正式版本要缺少某些功能。软件开发者并不是开发两套这样的程序,而是在程序中设置条件编译,这样当产生试用版本时选定一个编译开关,而产生正式版本时选定另一个编译开关。请按照这个原理重新编写前一个题目,使得试用版本只有加法、减法功能。

第6章

数 组

一、选择题

1. 下列关于数组的描述正确的是（   ）。
   A. 数组的长度是固定的，而其中元素的数据类型可以不同
   B. 数组的长度是固定的，而其中元素的数据类型必须相同
   C. 数组的长度是可变的，而其中元素的数据类型可以不同
   D. 数组的长度是可变的，而其中元素的数据类型必须相同

2. 在C++语言中引用数组元素时，下面关于数组下标数据类型的说法错误的是（   ）。
   A. 整型常量   B. 整型表达式
   C. 整型常量或整型表达式   D. 任何类型的表达式

3. 要定义数组A，使得其中每个元素的数据依次为3、9、4、8、0、0、0，错误的定义语句是（   ）。
   A. int A[]={3,9,4,8,0,0,0};   B. int A[9]={3,9,4,8,0,0,0};
   C. int A[]={3,9,4,8};   D. int A[7]={3,9,4,8};

4. 有数组声明 int value[30];，下标值引用错误的是（   ）。
   A. value[30]   B. value[0]   C. value[10]   D. value[20]

5. 下列一维数组定义正确的是（   ）。
   A. x=6;int num[x];   B. const int x=6;float a[x];
   C. const float x=6;int b[x];   D. const int x=6;int c[x];

6. 以下叙述中错误的是（   ）。
   A. 对于 double 类型的数组，不可以直接用数组名对数组进行整体输入或输出
   B. 数组名代表的是数组所占存储区的首地址，其值不可改变
   C. 当程序执行中，数组元素的下标超出所定义的下标范围时，系统将给出"下标越界"的出错信息
   D. 可以通过赋初值的方式确定数组元素的个数

7. 下面的二维数组定义中正确的是（   ）。
   A. int a[][]={1,2,3,4,5,6};   B. int a[2][]={1,2,3,4,5,6};
   C. int a[][3]={1,2,3,4,5,6};   D. int a[2,3]={1,2,3,4,5,6};

8. 以下对二维数组 a 进行初始化正确的是(　　)。

　　A. int a[2][]={{1,0,1},{5,2,3}};

　　B. int a[][3]={{1,2,3},{4,5,6}};

　　C. int a[2][4]={{1,2,3},{4,5},{6}};

　　D. int a[][3]={{1,0,1},{},{1,1}};

9. 若有定义 int a[3][4];,则正确引用数组 a 元素的是(　　)。

　　A. a[2][4]　　　　B. a[3][3]　　　　C. a[0][0]　　　　D. a[3][4]

10. 若定义了 int b[][3]={1,2,3,4,5,6,7};,则 b 数组第一维的长度是(　　)。

　　A. 2　　　　　　B. 3　　　　　　C. 4　　　　　　D. 无确定值

11. 若有定义 int a[][4]={0,0};,以下叙述中错误的是(　　)。

　　A. 数组 a 的每个元素都可得到初值 0

　　B. 二维数组 a 的第一维大小为 1

　　C. 因为初值个数除以 a 中第二维大小的值的商为 0,故数组 a 的行数为 1

　　D. 只有元素 a[0][0] 和 a[0][1] 可得到初值 0,其余元素均得不到初值 0

12. 若二维数组 a 有 m 列,则计算元素 a[i][j] 在数组中相对位置的公式为(　　)。

　　A. i*m+j　　　B. j*m+i　　　C. i*m+j−1　　　D. i*m+j+1

13. 下面选项中等价的是(　　)。

　　A. int a[2][3]={1,0,2,2,4,5} 与 int a[2][]={1,0,2,2,4,5};

　　B. int a[][3]={1,0,2,2,4,5} 与 int a[2][3]={1,0,2,2,4,5};

　　C. int a[2][3]={3,4,5} 与 int a[][3]={3,4,5};

　　D. int a[2][3]={0,1} 与 int a[2][3]={{0},{1}};

14. 以下不能正确定义二维数组的选项是(　　)。

　　A. int a[2][2]={{1},{2}};　　　　　　B. int a[][2]={1,2,3,4};

　　C. int a[2][2]={{1},2,3};　　　　　　D. int a[2][]={{1,2},{3,4}};

15. 下面程序的输出结果是(　　)。

```
1  #include "iostream.h"
2  void main()
3  { int n[2],I,j,k=2;
4  for(I=0;I<k;I++)
5  for(j=0;j<k;j++)
6  n[j]=n[I]+1;
7  cout<<n[j-2];
8  }
```

　　A. 不确定的值　　　B. 3　　　　C. 2　　　　　　D. 1

16. 串的长度是(　　)。

　　A. 串中不同字符的个数

　　B. 串中不同字母的个数

　　C. 串中所含字符的个数且字符个数大于 0

D. 串中所含字符的个数

17. 下列说法正确的是（　　）。

    A. 字符型数组与整型数组可通用

    B. 字符型数组与字符串其实没什么区别

    C. 当字符串放在字符数组中，这时要求字符数组长度比字符串长一个单元，因为要放字符串终结符'\0'

    D. 字符串的输出可以用它所存储的数组来输出，也可以字符串的形式整体输出，结果没区别

18. 下面有关字符数组的描述中错误的是（　　）。

    A. 字符数组可以存放字符串

    B. 字符串可以整体输入、输出

    C. 可以在赋值语句中通过赋值运算对字符数组整体赋值

    D. 不可以用关系运算符对字符数组中的字符串进行比较

19. 给出下面定义：

```
char a[]="abcd";
char b[]={'a','b','c','d'};
```

则下列说法正确的是（　　）。

    A. 数组 a 与数组 b 等价　　　　B. 数组 a 和数组 b 的长度相同

    C. 数组 a 的长度大于数组 b 的长度　D. 数组 a 的长度小于数组 b 的长度

20. 下面程序的输出结果为（　　）。

```
1  #include<iostream.h>
2  #include<string.h>
3  void main()
4  { char st[20]="hello\0\t\\";
5  cout<<strlen(st);
6  cout<<sizeof(st)<<endl;
7  cout<<st;
8  }
```

    A. 520　　　　B. 1220　　　　C. 520　　　　D. 1120

    hello　　　　hello\0\t　　　hello\t　　　hello ＿＿\

21. 要使字符串变量 str 具有初值"Lucky"，不正确的定义语句是（　　）。

    A. char str[]={'L','u','c','k','y'};　B. char str[5]={'L','u','c','k','y'};

    C. char str []="Lucky";　　　　D. char str [5]="Lucky";

22. 下面程序的输出结果是（　　）。

```
1  #include<iostream.h>
2  #include"string.h"
3  void main()
4  { char a[]="welcome",b[]="well";
```

```
5    strcpy(a,b);
6    cout<<a<<endl;
7  }
```

  A. wellome   B. well om   C. well   D. well we

23. 下列是为字符数组赋字符串的语句组,其中错误的是( )。

  A. char s[10]; s="program";   B. char s[]="program";

  C. char s[10]="Hello!";   D. char s[10];strcpy(s,"hello!");

24. 若已知 char str[20];,有语句 cin>>str;,当输入为 This is a C++ program 时,str 所得结果是( )。

  A. This is a C++ program   B. This

  C. This is   D. This is a C

25. 若有以下定义:

```
char   s[10]="Program",t[]="test";
```

  则对字符串的操作错误的是( )。

  A. strcpy(s,t);   B. cout<<strlen(s);

  C. strcat("this",t);   D. cin>>t;

26. 若有以下定义:

```
int a[]={1,2,3,4,5,6,7};
char c[]='b',c2='2';
```

  则表达式值不为 2 的是( )。

  A. a[1]   B. B   C. a['3'−c2] D. c2−0

27. 字符数组 s 不能作为字符串使用的是( )。

  A. char s[]="happy";   B. char s[6]={'h','a','p','p','y','\0'};

  C. char s[]={"happy"};   D. char s[5]={'h','a','p','p','y'};

28. 下面程序段执行后的输出结果是( )。

```
int k,a[3][3]={1,2,3,4,5,6,7,8,9};
for (k=0;k<3;k++) cout<<a[k][2-k];
```

  A. 3 5 7   B. 3 6 9   C. 1 5 9   D. 1 4 7

29. 下面程序段执行后的输出结果是( )。

```
char c[5]={'a','b','\0','c','\0'};
cout<<c;
```

  A. 'a"b'   B. ab   C. ab c   D. abc

30. 有两个字符数组 a、b,则以下( )是正确的输入语句。

  A. gets(a,b);   B. cin>>a;cin>>b;

  C. cin>>&a>>&b;   D. gets("a");gets("b");

31. 下面程序段执行后的输出结果是（　　）。

```
char c[]="\t\b\\\0will\n";
cout<<strlen(c);
```

　　A. 14　　　　　　　B. 3　　　　　　　　C. 9　　　　　　　　D. 6

32. 表达式 strcmp("3.14","3.278")的值是（　　）。

　　A. 非零整数　　　　B. 浮点数　　　　　C. 0　　　　　　　　D. 字符

33. 以下叙述中正确的是（　　）。

　　A. 两个字符串所包含的字符个数相同时，才能比较字符串

　　B. 字符个数多的字符串比字符个数少的字符串大

　　C. 字符串"STOP ⌴"与"STOP"相等

　　D. 字符串"That"小于字符串"The"

34. 下面程序执行后的输出结果是（　　）。

```
1  #include <iostream.h>
2  void main()
3  {   char ch[7]="12ab56"; int i,s=0;
4      for (i=0;ch[i]>'0'&&ch[i]<='9';i+=2)
5          s=10*s+ch[i]-'0';
6      cout<<s;
7  }
```

　　A. 1　　　　　　　　B. 1256　　　　　C. 12ab56　　　　　　D. ab

35. 下面程序执行后的输出结果是（　　）。

```
1  #include <iostream.h>
2  #include<string.h>
3  void main()
4  {   char str[]=" SSWLIA" , c; int k;
5      for (k=2;(c=str[k])!='\0';k++) {
6          switch (c) {
7              case 'I': ++k; break ;
8              case 'L': continue;
9              default : cout<<c; continue ;
10         }
11         cout<<'*';
12     }
13 }
```

　　A. SSW　　　　　　B. SW*　　　　　C. SW*A　　　　　D. SW

36. 下面程序执行后的输出结果是（　　）。

```
1  #include <iostream.h>
2  void main()
3  {   int a[3][3]={ {1,2},{3,4},{5,6} },i,j,s=0;
```

```
4        for(i=1;i<3;i++)
5            for(j=0;j<=i;j++) s+=a[i][j];
6        cout<<s;
7    }
```

    A. 18   B. 19   C. 20   D. 21

37. 下面程序执行后的输出结果是(   )。

```
1  #include <iostream.h>
2  void main()
3  {    char w[][10]={"ABCD","EFGH","IJKL","MNOP"} , k;
4       for(k=1;k<3;k++) cout<<w[k];
5  }
```

    A. ABCDFGHKL   B. ABCDEFGIJM

    C. EFGJKO   D. EFGHIJKL

38. 设有数组 A[i,j],数组的每个元素长度为 3 字节,i 的值为 1~8,j 的值为 1~10,数组从内存首地址 BA 开始顺序存放,当以列为主存放时,元素 A[5,8] 的存储首地址为(   )。

    A. BA+141   B. BA+180   C. BA+222   D. BA+225

39. 若用数组名作为函数调用的实参,传递给形参的是(   )。

    A. 数组的首地址   B. 数组中第一个元素的值

    C. 数组中全部元素的值   D. 数组元素的个数

40. 对数组名作函数的参数,下面描述正确的是(   )。

    A. 数组名作函数的参数,调用时将实参数组复制给形参数组

    B. 数组名作函数的参数,主调函数和被调函数共用一段存储单元

    C. 数组名作参数时,形参定义的数组长度不能省略

    D. 数组名作参数,不能改变主调函数中的数据

41. 已知某函数的一个形式参数被说明为 MAT[3][10],在下列说明中,与此等效的形参说明是(   )。

    A. int MAT[][10]   B. int MAT[3][]

    C. int MAT[10][3]   D. int MAT[][]

42. 设主调函数为如下程序段,则函数 f 中对形参数组定义错误的是(   )。

```
int a[3][4];
f(a);
```

    A. f(int array[3][4])   B. f(int array[][4])

    C. f(int array[3][])   D. f(int array[4][3])

43. 下面程序执行后的输出结果是(   )。

```
1  #include <iostream.h>
2  int f(int b[],int m,int n)
3  {    int i,s=0;
```

```
4      for(i=m;i<n;i++) s=s+b[i-1];
5      return s;
6  }
7  void main()
8  {  int x,a[]={1,2,3,4,5,6,7,8,9};
9      x=f(a,3,7);
10     cout<<x;
11  }
```

A. 10　　　　　　B. 18　　　　　　C. 8　　　　　　D. 15

44. 下面程序执行后的输出结果是（　　　）。

```
1   #include<iostream.h>
2   #define N 20
3   void fun(int a[],int n,int m)
4   {  int i;
5      for(i=m;i>=n;i--) a[i+1]=a[i];
6  }
7   void main()
8   { int i;
9      int a[N]={1,2,3,4,5,6,7,8,9,10};
10     fun(a,2,9);
11     for(i=0;i<5;i++) cout<<a[i];
12  }
```

A. 10234　　　　B. 12344　　　　C. 12334　　　　D. 12234

45. 下面程序执行后的输出结果是（　　　）。

```
1   #include<iostream.h>
2   void swap1(int c[])
3   {  int t;
4      t=c[0];c[0]=c[1];c[1]=t;
5  }
6   void swap2(int c0,int c1)
7   {  int t;
8      t=c0;c0=c1;c1=t;
9  }
10  void main()
11  {  int a[2]={3,5},b[2]={3,5};
12     swap1(a) ; swap2(b[0],b[1]);
13     cout<<a[0] <<a[1] <<b[0] <<b[1];
14  }
```

A. 5353　　　　B. 5335　　　　C. 3535　　　　D. 3553

二、填空题

1. C++ 语言数组的下标总是从_____开始，不可以为负数。数组的各个元素具有相同的_____。

2. 在 C++ 语言中,二维数组的元素在内存中的存放顺序是_____。

3. 在 C++ 语言中,一个二维数组可以看成若干个_____数组。

4. 若有定义 double x[3][5];,则 x 数组中行下标的上限为_____,列下标的上限为_____。

5. 字符串是以_____为结束标志的一维字符数组。若有定义 char a[]="";,则 a 数组的长度是_____。

6. 要将字符串 S1 复制到字符串 S2 中,其语句是_____。

7. 如果在程序中调用了 strcat 函数,则需要预处理命令_____。

8. 程序中使用了字符运算函数(如 isupper),则需要预处理命令_____。

9. 若有定义 char a[]="windows",b[]="9x";,则执行语句 cout<<strcat(a,b);后的输出结果为_____。若有定义 char a[20]="windows",b[]="9x";,则执行语句 cout<<strcat(a,b);后的输出结果为_____。

10. 下面程序执行后的输出结果是_____。

```
1  #include <iostream.h>
2  void main()
3  {   int p[8]={11,12,13,14,15,16,17,18},i=0,j=0;
4      while(i++<7) if(p[i]%2) j+=p[i];
5      cout<<j;
6  }
```

三、程序阅读题

1. 写出下面程序执行后的运行结果。

```
1  #include <iostream.h>
2  void main()
3  {   int i,a[5];
4      for(i=0;i<5;i++)
5          a[i]=9*(i-2+4*(i>2))%5;
6      for(i=4;i>=0;i--)
7          cout<<a[i];
8  }
```

2. 下面程序运行时从键盘上输入"1 2 3 -4 ↙",写出程序的运行结果。

```
1  #include <iostream.h>
2  void main()
3  {   int i,k=0,s=0,a[10];
4      while (1) {
5          cin>>a[k];
6          if (a[k]<=0) break ;
7          s=s+a[k++];
```

```
8          }
9          for(i=0;i<k;i++) cout<<a[i];
10         cout<<s;
11   }
```

3. 写出下面程序执行后的运行结果。

```
1    #include<iostream.h>
2    #include<iomanip.h>
3    void main()
4    {   int a[6][6],i,j;
5        for (i=1; i<6 ; i++)
6            for (j=1; j<6 ; j++)
7                a[i][j]=(i/j) * (j/i) ;
8        for (i=1; i<6 ; i++) {
9            for (j=1; j<6 ; j++)
10               cout<<setw(2) <<a[i][j];
11       cout<<endl;
12       }
13   }
```

4. 写出下面程序执行后的运行结果。

```
1    #include <iostream.h>
2    void main()
3    {   int a[4][4]={{1,2,3,4},{5,6,7,8},{11,12,13,14},{15,16,17,
4              18}};
5        int i=0,j=0,s=0;
6        while(i++<4) {
7            if(i==2||i==4) continue;
8            j=0;
9            do { s+=a[i][j]; j++; } while(j<4);
10       }
11       cout<<s;
12   }
```

5. 写出下面程序执行后的运行结果。

```
1    #include <iostream.h>
2    void main()
3    {   char a[8]={' '}, t;
4        int j,k;
5        for(j=0;j<5;j++) a[j]=(char)('a'+j);
6        for(j=0;j<4;j++) {
7            t=a[4];
8            for(k=4;k>0;k--) a[k]=a[k-1];
9            a[0]=t;
```

```
10       }
11       cout<<a;
12   }
```

6. 写出下面程序执行后的运行结果。

```
1    #include <iostream.h>
2    void main()
3    {   int i,c;   char s[2][5]={"1980","9876"};
4        for (i=3; i>=0 ; i--) {
5            c=s[0][i]+s[1][i]-2*'0';
6            s[0][i]=c%10 ;
7        }
8        for (i=0; i<=1 ; i++) cout<<s[i];
9    }
```

7. 写出下面程序执行后的运行结果。

```
1    #include <iostream.h>
2    #define MAX 10
3    int a[MAX], i ;
4    void sub1()
5    {   for (i=0; i<MAX; i++) a[i]=i+i ;
6    }
7    void sub2()
8    {   int a[MAX],i,max=5 ;
9        for (i=0; i<MAX; i++) a[i]=i ;
10   }
11   void sub3(int a[])
12   {   int i ;
13       for (i=0; i<MAX; i++) cout<<a[i];
14       cout<<endl;
15   }
16   void main()
17   {   sub1(); sub3(a); sub2(); sub3(a);
18   }
```

8. 写出下面程序执行后的运行结果。

```
1    #include <iostream.h>
2    #include<iomanip.h>
3    float f(float a,float b)
4    {   static float x;
5        float y;
6        x=(y=a>b ?a:b)>x ?y : x;
7        return x;
8    }
```

```
9    void main()
10   {   float a[5]={2.5,-1.5,7.5,4.5,6.5};
11       int i;
12       for(i=0;i<4;i++)
13           cout<<setw(4)<<setprecision(2)<<f(a[i],a[i+1]);
14   }
```

9. 写出下面程序执行后的运行结果。

```
1    #include <iostream.h>
2    int fun(int t[],int n)
3    {   int m;
4        if(n>=2) { m=fun(t,n-1); return m; }
5        return t[0];
6    }
7    void main()
8    {   int a[]={11,4,6,3,8,2,3,5,9,2};
9        cout<<fun(a,10);
10   }
```

10. 下面程序运行时从键盘上输入"abcd↙",写出程序的运行结果。

```
1    #include <iostream.h>
2    #include <string.h>
3    void insert(char str[])
4    {   int i;
5        i=strlen(str);
6        while(i>0) {
7            str[2*i]=str[i] ;   str[2*i-1]='*';      i--;
8        }
9        cout<<str;
10   }
11   void main()
12   {   char str[40];
13       cin>>str;   insert(str);
14   }
```

11. 写出下面程序执行后的运行结果。

```
1    #include <iostream.h>
2    void sort(int a[],int s, int N)
3    {   int i,j,t;
4        for(i=s;i<N-1;i++)
5            for(j=i+1;j<N;j++)
6                if(a[i]<a[j]) {
7                    t=a[i] , a[i]=a[j] , a[j]=t ;
8                }
```

```
9    }
10   void main()
11   {   int aa[10]={1,2,3,4,5,6,7,8,9,10},i;
12       sort(aa,3,8);
13       for(i=0;i<10;i++) cout<<aa[i]<<"␣";
14   }
```

12. 写出下面程序执行后的运行结果。

```
1    #include<iostream.h>
2    #include<string.h>
3    void f(char p[][10],int N)
4    {   char t[20]; int i,j;
5        for(i=0;i<N-1;i++)
6            for(j=i+1;j<N;j++)
7                if(strcmp(p[i],p[j])<0) {
8                    strcpy(t,p[i]);
9                    strcpy(p[i],p[j]);
10                   strcpy(p[j],t);
11               }
12   }
13   void main()
14   {   char p[][10]={"abc","aabdfg","abbd","dcdbe","cd"};
15       f(p,5);
16       cout<<strlen(p[0]);
17   }
```

13. 【提高题】将下面两个C++源程序文件放到一个 Visual C++ 6.0 项目中编译运行,程序运行时从键盘上输入"Thank↙",写出程序的运行结果。

CH06K013a.CPP 文件如下:

```
1    void fun1();
2    void fun2();
3    int M;
4    void main()
5    {
6        M=102;
7        fun1();
8        fun2();
9    }
```

CH06K013b.CPP 文件如下:

```
1    #include<iostream.h>
2    extern int M;
3    void fun1()
```

```
4    {    char s[80], c; int n=0;
5         while (c=cin.get()!='\n') s[n++]=c;
6         n--;
7         while(n>=0) cout<<s[n--];
8    }
9    void fun2()
10   {
11        cout<<"M="<<M;
12   }
```

14. 写出下面程序的输出结果。

```
1    #include <iostream.h>
2    template <typename T>
3    void print(T a[],int n )
4    {
5        for(int i=0; i<n; i++){
6            cout<<a[i]<<"_";
7        if (i%5==4)
8            cout<<endl;
9        }
10       cout<<endl;
11   }
12   void main()
13   {
14   int a[]={1, 2, 3, 4, 5, 6, 7};
15   double b[4]={8, 9, 10, 11 };
16   print(a,sizeof(a)/sizeof(int));
17   print(b,4);
18   }
```

15. 写出下面程序执行后的运行结果。

```
1    #include <iostream.h>
2    #define RELEASE 0
3    void main()
4    {    int i;    char str[20]="Northwest", c;
5        for (i=0;(c=str[i])!='\0';i++)    {
6    #if RELEASE
7                if (c>='a' && c<='z') c=c-32;
8    #else
9                if (c>='A' && c<='Z') c=c+32;
10   #endif
11               cout.put(c);
12       }
13   }
```

16. 读程序写运行结果。

```
1    #include<iostream.h>
2    template<class T>
3    void f(T a[3][3],T b[3][3],T c[3][3]){
4        for (int i=0;i<3;i++)
5            for (int j=0;j<3;j++){
6                c[i][j]=(T)0;
7                for(int k=0;k<3;k++)
8                    c[i][j]+=a[i][k]*b[j][k];
9            }
10   }
11   void main()
12   {
13       int a[3][3]={{1,2,3},{4,5,6},{7}},b[3][3],c[3][3]={{2},{0,2},{0,0,2}};
14       f(a,c,b);
15       for(int i=0;i<3;i++){
16           for(int j=0;j<3;j++)
17               cout<<b[i][j]<<"";
18       cout<<endl;
19       }
20   }
```

四、程序填空题

1. 在下面程序的下划线处填上适当字句,以使该程序的执行结果为:

```
5 ⌒ 4 ⌒ 3 ⌒ 2 ⌒ 1 ↙
0 ⌒ 5.5 ⌒ 4.4 ⌒ 3.3 ⌒ 2.2 ⌒ 1.1
```

```
1    #include <iostream.h>
2    template <class T>
3    void f ((1_____)){
4    (2_____)
5    for (int i=0; i<n/2; i++)
6    t=a[i], a[i]=a[n-1-i], a[n-1-i]=t;
7    }
8    void main (){
9        int a[5]={1,2,3,4,5};
10       double d[6]={1.1,2.2,3.3,4.4,5.5};
11       f(a,5);
12       f(d,6);
13       for (int i=0; i<5;i++)
14           cout <<a[i]<<"⌒";
15       cout <<endl;
```

```
16      for (i=0; i<6; i++)
17        cout <<d[i] <<"⌣";
18      cout <<endl;
19   }
```

2. 下面程序的功能是将十进制整数 n 转换成 base 进制。请填空使程序完整、正确。

```
1    #include <iostream.h>
2    void main()
3    {
4        int i=0,base,n,j,num[20] ;
5        cin>>n;
6        cin>>base;
7        do {
8            i++;
9            num[i]=(1                    );
10           n=(2                );
11       } while (n!=0);
12       for ((3                    ))
13           cout<<num[j];
14   }
```

3. 下面程序的功能是将数组输入数据，逆序置换后输出。逆序置换是指数组的首元素和末元素置换，第二个元素和倒数第二个元素置换，……。请填空使程序完整、正确。

```
1    #include <iostream.h>
2    #define N  8
3    void main()
4    {  int i,j,t,a[N];
5        for(i=0;i<N;i++) cin>>a[i];
6        i=0;j=N-1;
7        while(i<j) {
8            t=a[i], (1                    ), a[i]=t ;
9            i++, (2                );
10       }
11       for(i=0;i<N;i++) cout<<a[i];
12   }
```

4. 下面程序的功能是用"两路合并法"把两个已按升序（由小到大）排列的数组合并成一个新的升序数组。请填空使程序完整、正确。

```
1    #include <iostream.h>
2    void main()
3    {  int c[10],i=0,j=0,k=0 ;
4        int a[3]={5,9,10} ;    int b[5]={12,24,26,37,48} ;
5        while (i<3 && j<5)
```

```
6            if ((1_____)) {
7                c[k]=b[j] ; k++; j++;
8            }
9            else {
10               c[k]=a[i] ; k++; i++;
11           }
12       while ((2_____)) {
13           c[k]=a[i] ; i++; k++;
14       }
15       while ((3_____)) {
16           c[k]=b[j] ; j++; k++;
17       }
18       for (i=0; i<k; i++) cout<<c[i]<<" ";
19  }
```

5. 下面程序的功能是求矩阵 a 和 b 的乘积,结果存放在矩阵 c 中并按矩阵形式输出。请填空使程序完整、正确。

```
1    #include <iostream.h>
2    #include <iomanip.h>
3    void main()
4    {
5        int a[3][2]={2,10,9,4,5,119}, b[2][2]={-1,-2,-3,-4};
6        int i,j,k,s,c[3][2];
7        for (i=0; i<3; i++)
8            for (j=0; j<2; j++) {
9                (1_____);
10               for (k=0 ; k<2; k++)
11                   s+=(2_____);
12               c[i][j]=s;
13           }
14       for (i=0; i<3; i++) {
15           for (j=0; j<2; j++)
16             cout<<setw(6)<<c[i][j];
17           (3_____);
18       }
19  }
```

6. 下面程序的功能是输入 10 个整数,统计其中正数(neg)、负数(pos)和 0(zero)的个数并将三者输出。请填空使程序完整、正确。

```
1    #include <iostream.h>
2    int neg=0,pos=0,zero=0;
3    void self(int num)
4    {
5        if(num>0) neg++;
```

```
6        else if(num<0)pos++;
7        else (1_____);
8    }
9    void main()
10   {   int i,a[10];
11       for(i=0;i<10;i++) {
12           cin>>a[i];
13           self((2_____));
14       }
15   cout<<"neg="<<(3_____)<<",pos="<<(4_____)<<",zero="<<(5_____);
16   }
```

7. 下面函数用"折半查找法"在有 10 个数的 a 数组中对关键字 m 查找,若找到,返回其下标值,否则返回-1。请填空使程序完整、正确。

提示:折半查找法的思路是先确定待查元素的范围,将其分成两半,然后比较位于中间点元素的值。如果该待查元素的值大于中间点元素的值,则将范围重新设定为大于中间点元素的范围,反之则设定为小于中间点元素的范围。

```
1    int search(int a[10],int m)
2    {   int x1=0,x2=9,mid;
3        while (x1<=x2) {
4            mid=(x1+x2)/2;
5            if (m<a[mid]) (1_____);
6            else  if (m>a[mid]) (2_____);
7            else  return (mid);
8        }
9        return (-1);
10   }
```

8. 下面 rotate 函数的作用是将 n 行 n 列的矩阵 A 转置为 A'。请填空使程序完整、正确。

```
1    #define N 4
2    void rotate(int a[N][N])
3    {   int i,j,t;
4        for(i=0;i<N;i++)
5        for(j=0;(1_____);j++) {
6            t=a[i][j];
7            (2_____);
8            a[j][i]=t;
9        }
10   }
```

五、程序设计题

1. 编写程序计算 m 行 n 列(m 和 n 小于 10)整型数组 a 周边元素之和(即第 1 行、第

m 行、第 1 列、第 n 列上元素之和,但是重复元素只参加 1 次求和)。

2. 有一篇文章,共有 3 行文字,每行有 80 个字符。编写程序分别统计出文章中英文大写字母、小写字母、中文字符、数字、空格及其他字符的个数(提示:中文字符是两个字节,且数值均大于 128 的字符)。

3. 编写程序,输入 3 个字符串(长度均不超过 30)存入一个二维的字符型数组中,将第 3 个字符串连接到第 2 个字符串之后,然后再连接到第 1 个字符串之后,组成新的字符串存入一维的字符型数组中,然后输出该新的字符串(说明:不允许使用字符串连接函数)。

4. 编写程序:

(1) 求一个字符串 S1 的长度。

(2) 将一个字符串 S1 的内容复制给另一个字符串 S2。

(3) 将两个字符串 S1 和 S2 连接起来,结果保存在 S1 字符串中;

(4) 搜索一个字符在字符串中的位置(例如'I'在"CHINA"中的位置为 3)。如果没有搜索到,则位置为 −1。

(5) 比较两个字符串 S1 和 S2,如果 S1>S2,输出一个正数;如果 S1=S2,输出 0;如果 S1<S2,输出一个负数。输出的正、负数值为两个字符串相应位置字符 ASCII 码值的差值,当两个字符串完全一样时,则认为 S1=S2。

以上程序不能使用字符串标准系统函数。

5. 编写程序,它能读入 n(n<200)个整数(以 −9999 为结束标记,−9999 不算在内,相邻的两个整数用空格隔开)。找出 1~n−1 个数中第一个与第 n 个数相等的那个数,并输出该数的序号(序号从 1 开始)。

6. 编写程序,它能读入构成集合 A,B 的两组非零整数 $x_1, x_2, \cdots, x_m; y_1, y_2, \cdots, y_n$。计算 A 与 B 的交集 A∩B,再以由小到大的顺序输出 A∩B 中的元素,A∩B 为空时无输出。

7. 编写程序求 $N!$,其中 N 大于 10000(提示:使用数组保存非常大的 $N!$ 的每一位)。

8. 如果 M/N 是无限循环小数,编写程序求一个分数 M/N($0<M<N\leqslant 100$)的循环数(无限循环的数字串),例如 5/7 的循环数是 714285。

9. 请将不超过 1993 的所有素数从小到大排成第一行,第二行上的每个素数都等于它右肩上的素数之差。编写程序求第二行数中是否存在这样的若干个连续的整数,它们的和恰好是 1898?假如存在的话,又有几种这样的情况?

10.【提高题】设有 100 名同学手拉手围成一圈,自 1、2、3、…开始编号,现从 S 号开始连续数数,每数到 M 将此同学从圈中拉走,编写程序求最后被拉走的同学的编号。

11.【提高题】编写程序在下图所示的迷宫中找出从入口到达出口的所有路径。图中涂黑的地方不能通行,只能从一个空白位置走到与它相邻(四邻域,即上、下、左、右相邻)的空白位置上,且不能走重复的路线。

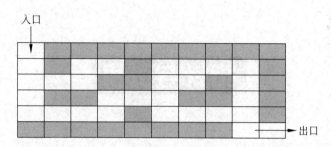

12. 【提高题】编写程序输出 5 阶魔方阵。所谓 n 阶魔方阵,就是把 $1 \sim n^2$ 个连续的正整数填到一个 $n \times n$ 的方阵中,使得每一列的和、每一行的和,以及两个对角线的和都相等。

13. 编写实现下面字符串操作要求的函数。在主函数中输入字符串"www.nwpu.edu.cn",调用函数并得到结果。

(1) 函数 Left(char src[],int n,char dest[])将字符串 src 左边 n 个字符复制到 dest 中。

(2) 函数 Right(char src[],int n,char dest[])将字符串 src 右边 n 个字符复制到 dest 中。

(3) 函数 Mid(char src[],int loc,int n,char dest[])将字符串 src 自下标 loc 开始的 n 个字符复制到 dest 中。

14. 编写 fun 函数 long fun(char s[]),将一个数字字符串转换为一个整数(不得调用标准库函数)。例如,若输入字符串"-1234",则函数把它转换为整数值-1234。在主函数中分别输入字符串"-789"、"5432",调用函数得到结果。

15. 【提高题】编写函数 int add(char s[]);计算字符串形式的逆波兰表达式(即两个操作数在前,运算符在后)。例如 23+4 * ,则计算(2+3) * 4;又如 234+ * ,则计算 2 * (3+4)。要求在主函数中输入这样的字符串,调用 add 函数计算表达式的值。

第7章

指针与引用

一、选择题

1. 下面对于指针的描述不正确的是(　　)。
   A. 指针是地址变量
   B. 指针不能用除 0 以外的常量赋值
   C. 两个指针变量的加减法无意义
   D. 指针指向不同基类型的变量长度不同

2. 在 int a＝3,int＊p＝&a;中,＊p 的值是(　　)。
   A. 变量 a 的地址值　　　　　　　B. 无意义
   C. 变量 p 的地址值　　　　　　　D. 3

3. 已知 int a, ＊pa＝&a;,输出指针 pa 十进制的地址值的方法是(　　)。
   A. cout<<pa;　　　　　　　　　B. cout<<＊pa;
   C. cout<<&pa;　　　　　　　　　D. cout<<long(&pa);

4. 变量的指针,其含义是指该变量的(　　)。
   A. 值　　　　　B. 地址　　　　　C. 名　　　　　D. 一个标志

5. 已有定义 int k＝2;int＊ptr1,＊ptr2;,且 ptr1 和 ptr2 均已指向变量 k,下面不能正确执行的赋值是(　　)。
   A. k＝＊ptr1＋＊ptr2　　　　　　B. ptr2＝k
   C. ptr1＝ptr2　　　　　　　　　D. k＝＊ptr1＊(＊ptr2)

6. 若有 int ＊p,a＝4;和 p＝&a;,下面(　　)均代表地址。
   A. a,p,＊&a　　B. &＊a,&a,＊p　　C. ＊&p,＊p,&a　　D. &a,&＊p,p

7. 若变量已正确定义并且指针 p 已经指向变量 x,则 ＊&x 相当于(　　)。
   A. x　　　　　B. p　　　　　　C. &x　　　　　D. &＊p

8. 若定义了 int m,n＝0, ＊p1＝&m;,则下列(　　)表达式与 m＝n 等价。
   A. m＝＊p1　　B. ＊p1＝&＊n　　C. ＊&p1＝＊&n　　D. ＊p1＝＊&n

9. 假如指针 p 已经指向整型变量 x,则(＊p)++相当于(　　)。
   A. x++　　　　B. p++　　　　　C. ＊(p++)　　　D. &x++

10. 对于基类型相同的两个指针变量之间不能进行的运算是(　　)。
    A. <　　　　　B. ＝　　　　　C. ＋　　　　　D. －

11. 有如下函数和变量定义 int a＝25;,执行语句 print_value(&a);后的输出结果是
（　　）。

```
void print_value(int * x)
{ cout<<++ * x; }
```

　　A. 23　　　　　B. 24　　　　　C. 25　　　　　D. 26

12. 要禁止修改指针 p 本身,又要禁止修改 p 所指向的数据,这样的指针应定义为
（　　）。

　　A. const char * p＝"ABCD";　　　B. char const * p＝"ABCD";

　　C. char * const p＝"ABCD";　　　D. const char * const p＝"ABCD";

13. 下列语句中错误的是(　　)。

　　A. const int buffer＝256;　　　B. const double * point;

　　C. int const buffer＝256;　　　D. double * const point;

14. 下列指针用法中错误的是(　　)。

　　A. int i;int * ptr＝&i;　　　B. int i;int * ptr;i＝* ptr;

　　C. int * ptr;ptr＝0;　　　D. int i＝5;int * ptr; ptr＝&i;

15. 下列关于指针的操作中错误的是(　　)。

　　A. 两个同类型的指针可以进行比较运算

　　B. 可以用一个空指针赋给某个指针

　　C. 一个指针可以加上两个整数之差

　　D. 两个同类型的指针可以相加

16. 以下 4 种说法中,正确的一项是(　　)。

　　A. C++ 允许在字符串上进行整体操作

　　B. 语句 char vn[]＝"Brown";将 vn 定义成一个有 5 个元素的数组,因为
　　　　"Brown"中含有 5 个字符

　　C. 对指针只要赋给一个地址值就可以了

　　D. 一维的指针数组实际上是一个二维数组

17. 下面语句中错误的是(　　)。

　　A. int a＝5;int x[a];　　　B. const int a＝5;int x[a];

　　C. int n＝5;int * p＝new int[n];　　D. const int n＝5;int * p＝new int [a];

18. 定义一维数组 int a[5], * p;,则下面描述错误的是(　　)。

　　A. 表达式 p＝p+1 是合法的　　　B. 表达式 a＝a+1 是合法的

　　C. 表达式 p−a 是合法的　　　D. 表达式 a+2 是合法的

19. 若有语句 int a[10]＝{0,1,2,3,4,5,6,7,8,9}, * p＝a;,则(　　)不是对 a 数组
元素的正确引用(其中 0≤i<10)。

　　A. p[i]　　　B. * (* (a+i))　　　C. a[p−a]　　　D. * (&a[i])

20. 有如下程序段:

```
int *p,a[6]={-1,0,1,2,3,4};
```

```
p=a+3;
```

执行该程序段后，＊p 的值为（   ）。

    A. 4   B. 2   C. 1   D. NULL

21. 若有定义 char s[10];,则在下面表达式中不表示 s[1]的地址的是（   ）。

    A. s+1   B. s++   C. &s[0]+1   D. &s[1]

22. 若要对 a 进行合法的自减运算,则之前应有下面（   ）的说明。

    A. int p[3];   B. int k;

       int ＊a＝p;   int ＊a＝&k;

    C. char ＊a[3]   D. int b[10];

                               int ＊a＝b+1;

23. 以下选项中,（   ）对指针变量 p 操作是正确的。

    A. int a[3],＊p;   B. int a[5],＊p;

       p＝&a;   p＝a;

    C. int a[5];   D. int a[5],＊p1,＊p2＝a;

       int ＊p＝a＝100;   ＊p2＝＊p1;

24. 若有定义 int x[10]＝{0,1,2,3,4,5,6,7,8,9},＊p1;,则数值不为 3 的表达式是
（   ）。

    A. x[3]   B. p1＝x+3,＊p1++

    C. p1＝x+2,＊(p1++)   D. p1＝x+2,＊++p1

25. 设 double ＊p[6];,则 p 是（   ）。

    A. 指向 double 型变量的指针

    B. double 型数组

    C. 指针数组,其元素是指向 double 型变量的指针

    D. 数组指针,指向 double 型数组

26. 若有定义 int x[6]＝{2,4,6,8,5,7},＊p＝x,i;,要求依次输出 x 数组 6 个元素
中的值,不能完成此操作的语句是（   ）。

    A. for(i=0;i<6;i++) cout<<setw()2<< ＊(p++);

    B. for(i=0;i<6;i++) cout<<setw()2<< ＊(p+i);

    C. for(i=0;i<6;i++) cout<<setw()2<< ＊p++;

    D. for(i=0;i<6;i++) cout<<setw()2<<(＊p)++;

27. 下面程序执行后的输出结果是（   ）。

```
1  #include <iostream.h>
2  void sum(int ＊a)
3  { a[0]=a[1];}
4  void main()
5  {  int aa[10]={1,2,3,4,5,6,7,8,9,10},i;
6     for(i=2;i>=0;i--) sum(&aa[i]);
7     cout<<aa[0];
```

```
8  }
```

A. 1　　　　　B. 2　　　　　C. 3　　　　　D. 4

28. 下面程序执行后的输出结果是(　　　)。

```
1  #include <iostream.h>
2  void main()
3  {   int a[10]={1,2,3,4,5,6,7,8,9,10}, *p=&a[3], *q=p+2;
4      cout<< *p+ *q;
5  }
```

A. 16　　　　　B. 10　　　　　C. 8　　　　　D. 6

29. 已知数组 A 和指针 p 定义为 int A[20][10], *p;,要使 p 指向 A 的首元素,正确的赋值表达式是(　　　)。

A. p=&A 或 p=A[0][0]　　　　B. p=A 或 p=&A[0][0]

C. p=&A[0] 或 p=A[0][0]　　　D. p=A[0] 或 p=&A[0][0]

30. 在下列表达式中,与下标引用 A[i][j] 不等效的是(　　　)。

A. *(A+i+j)　　　　　　　　B. *(A[i]+j)

C. *(*(A+i)+j)　　　　　　　D. (*(A+i))[j]

31. 若有定义 int a[2][3];,则对 a 数组的第 i 行第 j 列元素值的正确引用是(　　　)。

A. *(*(a+i)+j)　　　　　　　B. (a+i)[j]

C. *(a+i+j)　　　　　　　　D. *(a+i)+j

32. 若有定义 int a[3][4];,则与元素 a[0][0] 不等价的表达式是(　　　)。

A. *a　　　　B. **a　　　　C. *a[0]　　　　D. *(*(a+0)+0)

33. 若有定义 int s[4][5],(*ps)[5]=s;,则对 s 数组元素的正确引用是(　　　)。

A. ps+1　　　B. *(ps+3)　　　C. ps[0][2]　　　D. *(ps+1)+3

34. 下面程序执行后的输出结果是(　　　)。

```
1  #include <iostream.h>
2  void main()
3  {   int a[3][3], *p,i;
4      p=&a[0][0];
5      for(i=0; i<9; i++) p[i]=i+1;
6      cout<<a[1][2];
7  }
```

A. 3　　　　B. 6　　　　C. 9　　　　D. 随机值

35. 要使语句 p＝new double[20];能够正常执行,变量 p 应定义为(　　　)。

A. double p[20];　　　　　　B. double p;

C. double (*p)[20];　　　　　D. double *p;

36. 以下程序的输出结果是(　　　)。

```
1  #include <iostream.h>
2  void main()
```

```
3    {   char s[]="12134211",*p;
4            int v1=0,v2=0,v3=0,v4=0;
5            for (p=s;*p;p++)
6            switch(*p)
7                {
8                       case '1':v1++;
9                       case '3':v3++;
10                      case '2':v2++;
11                  default: v4++;
12                }
13           cout<<v1<<","<<v2<<","<<v3<<","<<v4<<endl;
14    }
```

    A. 4,2,1,1   B. 4,7,5,8   C. 7,3,2,1   D. 8,8,8,8

37. 以下不能正确进行字符串赋初值的语句是(　　)。

    A. char str[5]="good!";   B. char str[]="good!";

    C. char *str="good!";   D. char str[5]={'g','o','o','d'};

38. 设 p1 和 p2 是指向同一个字符串的指针变量,c 为字符变量,则以下不能正确执行的赋值语句是(　　)。

    A. c=*p1+*p2;   B. p2=c;

    C. p1=p2;   D. c=*p1*(*p2);

39. 下面判断正确的是(　　)。

    A. char *a="china"; 等价于 char *a; *a="china" ;

    B. char str[10]={"china"}; 等价于 char str[10]; str[]={"china";}

    C. char *s="china"; 等价于 char *s; s="china" ;

    D. char c[4]="abc",d[4]="abc"; 等价于 char c[4]=d[4]="abc" ;

40. 若有程序段 char s[]="china";char *p;p=s;,以下叙述中正确的是(　　)。

    A. s 和 p 完全相同

    B. 数组 s 中的内容和指针变量 p 中的内容相等

    C. *p 与 s[0]相等

    D. 数组 s 的长度和 p 所指向的字符串长度相等

41. 以下不正确的是(　　)。

    A. char a[10]="china" ;   B. char a[10],*p=a; p="china";

    C. char *a; a="china" ;   D. char a[10],*p; p=a="china";

42. 若有定义 char a[]="Itismine", *p="Itismine";,以下叙述中错误的是(　　)。

    A. a+1 表示的是字符't'的地址   B. p 不能再指向别的字符串常量

    C. p 变量中存放的地址值可以改变 D. a 数组所占字节数为 9

43. 若有定义 char s[6],*ps=s;,则正确的赋值语句是(　　)。

    A. s="12345";   B. *s="12345";

C. ps="12345";   D. ＊ps="12345";

44. 若有定义 char s[10],＊p＝s;,下列语句中错误的是(   )。

A. p＝s+5;   B. s＝p+s;   C. s[2]＝p[4];   D. ＊p＝s[0];

45. 若有定义 char ＊cc[2]＝{"1234","5678"};,以下叙述中正确的是(   )。

A. cc 数组的两个元素中各自存放了字符串"1234"和"5678"的首地址

B. cc 数组的两个元素中分别存放的是含有 4 个字符的一维字符数组的首地址

C. cc 是指针变量,它指向含有两个数组元素的一维字符数组

D. cc 数组元素的值分别是"1234"和"5678"

46. 若有定义 char ＊ language[ ]＝{ "FORTRAN","BASIC","PASCAL","JAVA","C"};,则 language[2]的值是一个(   )。

A. 字符   B. 地址   C. 字符串   D. 不定值

47. 若有定义 char ch[]＝{"abc\0def"},＊p＝ch;,执行语句 cout<<＊p+4;后的输出结果是(   )。

A. def   B. d   C. e   D. 0

48. 下面程序执行后的输出结果是(   )。

```
1  #include <iostream.h>
2  void main()
3  {   char a[10]={9,8,7,6,5,4,3,2,1,0},＊p=a+5;
4      cout<< ＊--p;
5  }
```

A. 编译错误   B. a[4]的地址   C. 5   D. 3

49. 下面程序执行后的输出结果是(   )。

```
1  #include <iostream.h>
2  void fun(char ＊ c,int d)
3  {   ＊c=＊c+1; d=d+1;
4      cout<< ＊c<<","<<d;
5  }
6  void main()
7  {   char a='A', b='a';
8      fun(&b,a); cout<<a<<","<<b;
9  }
```

A. B,a,B,a   B. a,B,a,B   C. A,b,A,b   D. b,B,A,b

50. 下面程序执行后的输出结果是(   )。

```
1  #include <iostream.h>
2  void ss(char ＊ s,char t)
3  {
4      while(＊s) {
5          if(＊s==t) ＊s=t-'a'+'A';
6          s++;
```

```
7        }
8    }
9    void main()
10   {   char str1[100]="abcddfefdbd",c='d';
11       ss(str1,c); cout<<str1;
12   }
```

  A. ABCDDEFEDBD   B. abcDDfefDbD

  C. abcAAfefAbA   D. Abcddfefdbd

51. 以下函数的功能是( )。

```
fun(char * a,char * b)
{
    while((* a!='\0')&&(* b!='\0')&&(* a== * b)) { a++;b++;}
    return(* a- * b);
}
```

  A. 计算 a 和 b 所指字符串的长度之差

  B. 将 b 所指字符串连接到 a 所指字符串中

  C. 将 a 所指字符串连接到 b 所指字符串后面

  D. 比较 a 和 b 所指字符串的大小

52. 若有定义 char * st="how are you";,下列程序段中正确的是( )。

  A. char a[11], * p; strcpy(p=a+1,&st[4]);

  B. char a[11]; strcpy(++a, st);

  C. char a[11]; strcpy(a, st);

  D. char a[], * p; strcpy(p=&a[1],st+2);

53. s1 和 s2 已正确定义并分别指向两个字符串。若要求:当 s1 所指串大于 s2 所指串时,执行语句 S;,则以下选项中正确的是( )。

  A. if(s1>s2) S;   B. if(strcmp(s1,s2)) S;

  C. if(strcmp(s2,s1)>0) S;   D. if(strcmp(s1,s2)>0) S;

54. 以下与库函数 strcpy(char * p1,char * p2)的功能不相等的程序段是( )。

  A. strcpy1(char * p1,char * p2)

    { while ((* p1++= * p2++)!='\0' ; }

  B. strcpy2(char * p1,char * p2)

    { while ((* p1= * p2)!='\0') { p1++; p2++ } }

  C. strcpy3(char * p1,char * p2)

    { while (* p1++= * p2++) ; }

  D. strcpy4(char * p1,char * p2)

    { while (* p2) * p1++= * p2++ ; }

55. 函数 char * fun(char * p){ return p; }的返回值是( )。

  A. 无确切的值   B. 形参 p 中存放的地址值

    C. 一个临时存储单元的地址   D. 形参 p 自身的地址值

56. 若有定义 int ＊f();,标识符 f 代表的是一个(　　)。

    A. 用于指向整型数据的指针变量   B. 用于指向一维数组的行指针

    C. 用于指向函数的指针变量   D. 返回值为指针型的函数名

57. 若有定义 int(＊p)();,标识符 p 可以(　　)。

    A. 表示函数的返回值   B. 指向函数的入口地址

    C. 表示函数的返回类型   D. 表示函数名

58. 若有函数 max(a,b),为了让函数指针变量 p 指向函数 max,正确的赋值方法是
(　　)。

    A. p＝max;   B. p＝max(a,b);

    C. ＊p＝max;   D. ＊p＝max(a,b);

59. 若有以下说明和定义:

```
fun(int ＊ c) {…}
void main()
{   int (＊a)()=fun,＊b(),w[10],c;
    …
}
```

    在必要的赋值之后,对 fun 函数的正确调用语句是(　　)。

    A. a＝a(w);   B. (＊a)(&c);   C. b＝＊b(w);   D. fun(b);

60. 以下正确的是(　　)。

    A. int ＊ b[]＝{1,3,5,7,9};

    B. int a[5], ＊ num[5]＝{&a[0],&a[1],&a[2],&a[3],&a[4]};

    C. int a[]＝{1,3,5,7,9}, ＊ num[5]＝{a[0],a[1],a[2],a[3],a[4]};

    D. int a[3][4],(＊num)[4];num[1]＝&a[1][3];

61. 若指针 p 定义为 const char ＊p＝"Luchy!";,则(　　)。

    A. p 所指向的数据不可改变,p 在定义时可以不初始化

    B. p 所指向的数据不可改变,p 在定义时必须初始化

    C. p 本身不可改变,p 在定义时可以不初始化

    D. p 本身不可改变,p 在定义时必须初始化

62. 若指针 p 定义为 char ＊ const p＝"Luchy!";,则(　　)。

    A. p 所指向的数据不可改变,p 在定义时可以不初始化

    B. p 所指向的数据不可改变,p 在定义时必须初始化

    C. p 本身不可改变,p 在定义时可以不初始化

    D. p 本身不可改变,p 在定义时必须初始化

63. 设有语句 char str1[]＝"string",str2[8],＊str3,＊str4＝"string";,则下列对库
函数 strcpy 调用不正确的是(　　)。

    A. strcpy(str1,"hello1");   B. strcpy(str2,"hello2");

    C. strcpy(str3,"hello3");   D. strcpy(str4,"hello4");

64. 以下程序的输出结果是(　　)。

```
1   #include <iostream>
2   #include <stdlib.h>
3   using namespace std;
4   void func(char **m)
5   {
6   ++m;
7   cout<< * m<<endl;
8   }
9   main(){
10  static char * a[]={"MORNING","AFTERNOON","EVENING"};
11  char **n;
12  n=a;
13  func(n);
14  system("PAUSE");
15  return 0;
16  }
```

A. 为空　　　　B. MORNING　C. AFTERNOON　D. EVENING

65. 已知函数 func 的原形是 double func(double * pd,int &ri);,变量 x 和 y 的定义是 double x;int y;,把 x 和 y 分别作为第一参数和第二参数来调用函数 func,正确的调用语句是(　　)。

A. func(x,&y);　B. func(&x,y);　C. func(&x,&y);　D. func(x,y);

66. 下列引用的定义中,(　　)是错误的。

A. int i;　　　　B. int i;　　　　C. float i;　　　　D. char d;
int &j=i;　　　int &j;　　　　float &j=i;　　　char &k=d;
　　　　　　　j=i;

67. 对使用关键字 new 所开辟的动态存储空间,释放时必须使用(　　)。

A. free　　　　B. create　　　　C. delete　　　　D. realse

68. 关于动态存储分配,下列说法正确的是(　　)。

A. new 和 delete 是C++ 语言中专门用于动态内存分配和释放的函数
B. 动态分配的内存空间也可以被初始化
C. 当系统内存不够时,会自动回收不再使用的内存单元,因此程序中不必使用 delete 释放内存空间
D. 当动态分配内存失败时,系统会立刻崩溃,因此一定要慎用 new

69. 对 new 运算符的下列描述中,(　　)是错误的。

A. 它可以动态创建对象和对象数组
B. 用它创建对象数组时必须指定初始值
C. 用它创建对象时要调用构造函数
D. 用它创建的对象可以使用运算符 delete 来释放

70. 若有以下定义,则释放指针所指内存空间的操作是(   )。

```
float r=news float[10];
```

    A. delete r ;   B. delete * r;   C. delete []r;   D. delete r[];

71. 若定义了以下函数:

```
void f(…)
{   …
    * p=(double * )malloc(10 * sizeof(double));
    …
}
```

p 是该函数的形参,要求通过 p 把动态分配存储单元的地址传回主调函数,则形参 p 的正确定义应当是(   )。

    A. double * p   B. float **p   C. double **p   D. float * p

72. 若指针 p 已正确定义,要使 p 指向两个连续的整型动态存储单元,不正确的动态存储分配语句是(   )。

    A. p＝2 *（int * ）malloc(sizeof(int));

    B. p＝(int *)malloc(2 * sizeof(int));

    C. p＝(int *)malloc(2 * sizeof(unsigned int));

    D. p＝(int *)malloc(2,sizeof(int));

73. 已知 n 是一个 int 型变量,下列语句中错误的是(   )。

    A. long * p＝new long[n];   B. long p[n];

    C. long * p＝new long(n);   D. long p[10];

74. 以下叙述中正确的是(   )。

    A. C++ 语言允许 main 函数带形参,且形参个数和形参名均可由用户指定

    B. C++ 语言允许 main 函数带形参,形参名只能是 argc 和 argv

    C. 当 main 函数带有形参时,传给形参的值只能从命令行中得到

    D. 若有说明 int main(int argc,char **argv),则 argc 的值必须大于 1

75. 不合法的 main 函数形式参数表示是(   )。

    A. main(int a,char * c[])   B. main(int arc,char **arv)

    C. main(int argc,char * argv)   D. main(int argv,char * argc[])

76. 假定以下程序经编译和连接后生成可执行文件 PROG. EXE,如果在此可执行文件所在目录的 DOS 提示符下输入"PROG ABCDEFGH IJKL ↙",则输出结果为(   )。

```
1  #include <iostream.h>
2  void main(int argc, char * argv[])
3  {       while(--argc>0) cout<<argv[argc];
4  }
```

    A. ABCDEFGH   B. IJKL

    C. ABCDEFGHIJKL   D. IJKLABCDEFGH

二、填空题

1. 指针变量所保存的不是一般的数据值,而是程序中另一个对象的_____。

2. 若有程序:

```
int i=1000;
int * ip=&I;
void * vp;
vp=ip;
```

其中 vp＝ip 的含义是_____。

3. 若 p 指向 x,则_____与 x 的表示是等价的。

4. 在已经定义了整型指针 ip 后,为了得到一个包括 10 个整数的数组并由 ip 所指向,应使用语句_____。

5. C++ 是通过引用运算符_____来定义一个引用的。

6. 若 y 是 x 的引用,则对 y 的操作就是对_____的操作。

7. 如果一个引用不是用作函数参数或返回值,则在说明该引用时必须对它进行_____。

8. 下面程序的输出结果是_____。

```
1  #include <iostream.h>
2  void main(){
3      int a;
4      int &b=a;                    //变量引用
5          b=10;
6          cout<<"a="<<a<<endl;
7  }
```

9. 在用C++ 进行程序设计时,最好用_____代替 malloc。

10. 执行_____操作将释放由 p 所指向的动态分配的数据空间。

11. 在C++ 程序中,指针变量能够赋_____值或_____值。

12. 在C++ 语言中,数组名是一个不可改变的_____,不能对它进行赋值运算。

13. 有以下程序段:

```
int * p[3],a[6],i;
for (i=0; i<3; i++) p[i]=&a[2 * i];
```

则 * p[0]引用的是 a 数组元素_____, * (p[1]＋1)引用的是 a 数组元素_____。

14. 若有定义 int a[2][3]＝{2,4,6,8,10,12};,则 * (&a[0][0]＋2 * 2＋1)的值是_____, * (a[1]＋2)的值是_____。

15. 若有定义 char a[]＝"shanxixian", * p＝a; int i;,则执行语句 for(i=0; * p!＝'\0'; p++,i++);后 i 的值为_____。

16. 无返回值函数 fun 用来求出两整数 x,y 之和,并通过形参 z 将结果传回,假定 x,y,z 均是整型,则函数应定义为_____。

17. 已知函数原型为 void fun(int * x,int * y);,则指向 fun 的函数指针变量 p 的定义是_____。

18. 设有一个名为"myfile.cpp"的C++程序,其主函数为 main(int argc,char * argv[])。如果在执行时输入的命令行为"myfile aa bb ↙",则形式参数 argc 的值是_____。

三、程序阅读题

1. 写出下面程序执行后的运行结果。

```
1    #include <iostream.h>
2    void main()
3    {    char * p="abcdefgh", * r;
4         long * q;
5         q=(long * )p;
6         q++;
7         r=(char * )q;
8         cout<<r;
9    }
```

2. 写出下面程序执行后的运行结果。

```
1    #include <iostream.h>
2    #include <string.h>
3    void main()
4    {    char ch[]="abc",x[3][4]; int i;
5         for(i=0;i<3;i++) strcpy(x[i],ch);
6         for(i=0;i<3;i++) cout<<&x[i][i];
7    }
```

3. 写出下列程序的输出结果。

```
1    #include <iostream>
2    using namespace std;
3    int n[][3]={10,20,30,40,50,60};
4    int main()
5    {
6        int (* p)[3];
7        p=n;
8        cout<<p[0][0]<<","<< * (p[0]+1)<<","<< ( * p)[2]<<endl;
9        return 0;
10   }
```

4. 读程序写运行结果。

```
1    #include <iostream.h>
```

```
2    template <class T>
3    void f(T * a,int n){
4        int k;
5        T t;
6        for (int i=0;i<n-1;i++){
7            k=i;
8            for(int j=i+1;j<n;j++)
9                if (a[k]>a[j]) k=j;
10               t=a[i],a[i]=a[k],a[k]=t;
11       }
12   }
13   void main(){
14       double d[5]={12.3,4.5,-23.4,-90.4,0};
15       char a[5]={'B','F','A','X','E'};
16       f(a,5);
17       f(d,5);
18       for (int i=0;i<5;i++)
19           cout<<d[i]<<"_"<<a[i]<<endl;
20   }
```

5. 写出下面程序执行后的运行结果。

```
1    #include <iostream.h>
2    int fun(char * s,char a,int n)
3    {   int j;
4        * s=a; j=n ;
5        while (* s<s[j]) j--;
6        return j;
7    }
8    void main()
9    {   char c[6]; int i;
10       for (i=1; i<=5 ; i++) * (c+i)='A'+i+1;
11       cout<<fun(c,'E',5);
12   }
```

6. 下面程序运行时从键盘上输入"6↙",写出程序的运行结果。

```
1    #include <iostream.h>
2    void sub(char * a,char b)
3    {
4        while (* (a++)!='\0');
5        while (* (a-1)<b) * (a--)= * (a-1);
6        * (a--)=b;
7    }
8    void main()
9    {   char s[]="97531",c;
```

```
10      c=cin.get();
11      sub(s,c); cout<<s;
12  }
```

7. 写出下面程序执行后的运行结果。

```
1   #include <iostream.h>
2   #include <string.h>
3   void sort(char * a[],int n)
4   {   int i,j,k; char * t;
5       for(i=0;i<n-1;i++) {
6           k=i;
7           for(j=i+1;j<n;j++)
8               if(strcmp(a[j],a[k])<0) k=j;
9           if(k!=i) {t=a[i];a[i]=a[k];a[k]=t;}
10      }
11  }
12  void main()
13  {   char ch[4][15]={"morning","afternoon","night","evening"};
14      char * name[4];   int k;
15      for(k=0;k<4;k++)   name[k]=ch[k];
16      sort(name,4);
17      for(k=0;k<4;k++)   cout<<name[k]<<endl;
18  }
```

8. 写出下面程序执行后的运行结果。

```
1   #include <iostream.h>
2   char * ss(char * s)
3   {   char *p, t;
4       p=s+1; t=* s;
5       while(* p) { * (p-1)=* p; p++;}
6       * (p-1)=t;
7       return s;
8   }
9   void main()
10  {   char * p, str[10]="abcdefgh";
11      p =ss(str) ;
12      cout<<p;
13  }
```

9. 写出下面程序执行后的运行结果。

```
1   #include <iostream.h>
2   #include <string.h>
3   void f(char *p[], int n)
4   {   char * t; int i,j;
```

```
5        for(i=0; i<n-1 ;i++)
6            for(j=i+1; j<n; j++)
7                if(strcmp(p[i],p[j])>0) { t=p[i]; p[i]=p[j]; p[j]=t; }
8    }
9    void main()
10   {   char * p[5]={"abc","aabdfg","abbd","dcdbe","cd"};
11       f(p, 5);
12       cout<<strlen(p[0]);
13   }
```

10. 写出下面程序执行后的运行结果。

```
1    #include <iostream.h>
2    #include <iomanip.h>
3    void swap1(int c0[], int c1[])
4    {   int t ;
5        t=c0[0]; c0[0]=c1[0]; c1[0]=t;
6    }
7    void swap2(int * c0, int * c1)
8    {   int t;
9        t= * c0; * c0= * c1; * c1=t;
10   }
11   void main()
12   {   int a[2]={3,5}, b[2]={3,5};
13       swap1(a, a+1); swap2(&b[0], &b[1]);
14       cout<<setw(2)<<a[0];
15       cout<<setw(2)<<a[1];
16       cout<<setw(2)<<b[0];
17       cout<<setw(2)<<b[1];
18   }
```

四、程序填空题

1. 下面函数的功能是将一个字符串转换为一个整数,例如将"1234"转换为整数 1234。请填空使程序完整、正确。

```
1    #include <string.h>
2    int chnum(char * p)
3    {   int num=0,k,len,j;
4        len=strlen(p);
5        for (;(1_____); p++) {
6            k=(2_____);          j=(--len);
7            while ((3_____)) k=k * 10 ;
8            num=num+k;
9        }
```

```
10      return (num);
11   }
```

2. 下面函数的功能是首先对 a 所指的 N 行 N 列矩阵,找出各行中的最大数,再求这 N 个最大值中最小的那个数作为函数值返回。请填空使程序完整、正确。

```
1    #define N 100
2    int fun(int(*a)[N])
3    {  int row,col,max,min;
4       for(row=0;row<N;row++) {
5          for(max=a[row][0],col=1; col<N ;col++)
6             if((1_____)) max=a[row][col];
7          if(row==0) min=max;
8          else if((2_____)) min=max;
9       }
10      return min;
11   }
```

3. 下面函数的功能是根据公式 $s=1-\dfrac{1}{3}+\dfrac{1}{5}-\dfrac{1}{7}+\cdots+\dfrac{-1^n}{2\times n+1}$ 计算 s,计算结果通过形参指针 sn 传回。n 通过形参传入,n 的值大于等于 0。请填空使程序完整、正确。

```
1    void fun( float * sn, int n)
2    {  float s=0.0, w, f=-1.0;  int i=0;
3       for(i=0; i<=n; i++) {
4          f=(1_____) * f;
5          w=f/(2 * i+1);
6          s+=w;
7       }
8       (2_____)=s;
9    }
```

4. 下面函数的功能是用递归法将一个整数存放到一个字符数组中,存放时按逆序存放,如将 483 存放成"384"。请填空使程序完整、正确。

```
1    void convert(char * a, int n)
2    {  int i;
3       if ((i=n/10)!=0) convert((1_____),i);
4       * a=(2_____);
5    }
```

5. 下面函数的功能是将两个字符串 s1 和 s2 连接起来。请填空使程序完整、正确。

```
1    void conj(char * s1,char * s2)
2    {  char * p=s1;
3       while (* s1) (1_____);
4       while (* s2) {
```

```
5              * s1= (2                        );
6              s1++,s2++;
7          }
8          * s1='\0';
9      }
```

6. 下面函数统计子串 substr 在母串 str 中出现的次数。请填空使程序完整、正确。

```
1    #include <string.h>
2    int count(char * str,char * substr)
3    { int i,j,k,num=0;
4      for (i=0;(1                     );i++)
5        for ((2                  ),k=0;substr[k]==str[j];k++,j++)
6            if (substr[(3                  )]=='\0') {
7                num++; break;
8            }
9      return (num);
10   }
```

7. 以下函数 fun 的功能是返回 str 所指字符串中以形参 c 中字符开头的后续字符串的首地址。例如,str 所指字符串为"Hello!",c 中的字符为 e,则函数返回字符中"ello!"的首地址。若 str 所指字符串为空串或不包含 c 中的字符,则函数返回 NULL。请填空使程序完整、正确。

```
1    char * fun(char * str,char c)
2    { int n=0;  char * p=str;
3      if(p!=NULL)
4          while(* p!=c&&* p!='\0') (1                  );
5      if(p=='\0') return NULL;
6      return (2                  );
7    }
```

8. 下面程序的功能是用指针法输出二维数组,每行三个数。请填空使程序完整、正确。

```
1    #include <iostream.h>
2    #include <iomanip.h>
3    void main()
4    { int i,j,a[3][3]={1,2,3,4,5,6,7,8,9},(* p)[3];
5      (1                  );
6      for(i=0;i<3;i++) {
7          for(j=0;j<3;j++) cout<<setw(5)<<(2                  );
8          cout<<endl;
9      }
10   }
```

9. 下面程序的功能是输入一个数字(范围在 0~9,若不在此范围内则显示输入错),

输出对应的英文单词(Zero，One，Two，…，Nine)。请填空使程序完整、正确。

```
1    #include<iostream.h>
2    void main()
3    {   int i;    char * digit[10]={"Zero","One","Two","Three",
4               "Four","Five","Six","Seven","Eight","Nine"};
5        cin>>i;
6        if((1_____))
7            cout<<digit[(2_____)];
8        else cout<<"输出错误!\n";
9    }
```

10. 下面函数 huiwen 的功能是检查一个字符串是否是回文,当字符串是回文时,函数返回字符串 yes!,否则函数返回字符串 no!,并在主函数中输出。所谓回文即正向与反向的拼写都一样,例如 adgda。请填空使程序完整、正确。

```
1    #include<iostream.h>
2    #include<string.h>
3    char * huiwen(char * str)
4    {   char * p1, * p2; int i,t=0;
5        p1=str; p2=(1_____);
6        for(i=0;i<=strlen(str)/2;i++)
7            if(* p1++!=* p2--) {t=1; break;}
8        if((2_____))    return("yes!");
9        else return("no!");
10   }
11   void main()
12   {   char str[50];
13       cin>>str;
14       cout<<(3_____);
15   }
```

五、程序设计题

1. 编写函数计算一维实型数组前 n 个元素的最大值、最小值和平均值。数组名、n、最大值、最小值和平均值均作为函数形参,函数无返回值。在主函数中输入数据,调用函数得到结果(要求用指针方法实现)。

2. 利用指向行的指针变量求 5×3 数组各行元素之和。

3. 使用字符指针编写程序,输入一个长度为 n 的字符串 a,在字符串 a 的 i($0<i<n$)处插入字符 x,输出插入后的字符串 a(n,x,i 的值可自由输入)。例如,输入"nw world",在 1 处插入 e,输出 new world。

4. 编写函数,将参数 s 所指字符串中除了下标为奇数,同时 ASCII 值也为奇数的字符之外,其余的所有字符都删除,串中剩余字符所形成的一个新串放在参数 t 所指的数组并返回给调用函数（例如输入"0123456789"，结果为 13579）。从主函数中输入并调用函数得到结果。

5. 编写函数 char * search(char * cpSource，char ch)，该函数在一个字符串中找到可能的最长子字符串，该字符串是由同一个字符组成的。从主函数中输入 "aabbcccddddeeeeefffff" 和'e'，调用函数得到结果。

6. 编写函数 replace(char * str，char * fstr，char * rstr)，将 str 所指字符串中与 fstr 相同的字符替换成 rstr（两者长度可不同）。主函数中输入原始字符串 "iffordowhileelsewhilebreak"、查找字符串 "while" 和替换字符串 "struct"，调用函数得到结果。

第8章

自定义数据类型

一、选择题

1. 下列结构体定义中正确的是(　　　)。

A. record {
   int no;
   char num[16];
   float score;
   };

B. struct record {
   int no;
   char num[16];
   float score;
   }

C. struct record {
   int no;
   char num[16];
   float score;
   };

D. struct record {
   int no
   char num[16]
   float score
   };

2. 设有结构体说明 struct ex { int x; float y; char z;} example;,以下叙述中错误的是(　　　)。

A. struct 结构体类型的关键字
B. example 是结构体类型名
C. x,y,z 都是结构体成员名
D. struct ex 是结构体类型

3. 以下(　　　)定义不会分配实际的存储空间。

A. struct {
      char name[10]; int age;
   } student;

B. struct STUDENT {
      char name[10];
      int age;
   } student;

C. struct STUDENT {
      char name[10]; int age;
   };
   struct STUDENT student;

D. struct STUDENT {
      char name[10];
      int age;
   };

4. 在说明一个结构体变量时,系统分配给它的存储空间是(　　　)。

A. 该结构体中的第一个成员所需的存储空间
B. 该结构体中的最后一个成员所需的存储空间

C. 该结构体中占用最大存储空间的成员所需的存储空间

D. 该结构体中所有成员所需存储空间的总和

5. 执行下列语句序列：

```
struct AA{ int ival; char cval;};
struct BB{ int ival; AA ra;};
struct CC{ int ival; AA ra; BB rb;};
CC rc={66,{rc.ival+1,rc.ra.ival+1},{69,{70,71}}};
cout<<rc.ival<<','<<rc.ra.ival<<','<<rc.rb.ra.ival;
```

显示在屏幕上的是(　　)。

A. 66,67,68　　　 B. 67,68,69　　　 C. 66,67,70　　　 D. 67,69,70

6. 下列声明结构体变量错误的是(　　)。

A. struct student

{int no;

char name[16];

}st1,st2;

B. struct student

{int no;

char name[16];

};

struct student st1,st2;

C. struct student

{int no;

char name[16];};

struct st1,st2;

D. struct student

{int no;

char name[16];};

student st1,st2;

7. 以下对结构体类型变量 td1 的定义中,不正确的是(　　)。

A. #define AA struct aa

AA { int n;

float m;

} td1;

B. struct

{ int n;

float m;

} td1;

C. typedef struct aa

{ int n;

float m;

} AA;

AA td1;

D. struct

{ int n;

float m;

} aa;

stuct aa td1;

8. 当定义一个结构体变量时,系统分配给它的内存量是(　　)。

A. 各成员所需内存量的总和　　　 B. 结构中第一个成员所需内存量

C. 成员中占内存量最大的容量　　　 D. 结构中最后一个成员所需内存量

9. C++ 语言结构体类型变量在程序执行期间(　　)。

A. 所有成员驻留在内存中　　　 B. 只有一个成员驻留在内存中

C. 部分成员驻留在内存中　　　 D. 没有成员驻留在内存中

10. 已知学生记录描述为：

```
struct student {
    int no ; char name[20];   char sex;
    struct { int year; int month ; int day ; } birth;
} s;
```

设结构变量 s 中的"birth"应是"1985 年 10 月 1 日"，则下面正确的赋值是(　　)。

A. year＝1985；　　　　　　　　B. birth. year＝1985；

month＝10；　　　　　　　　　 birth. month＝10；

day＝1；　　　　　　　　　　　 birth. day＝1；

C. s. year＝1985；　　　　　　　D. s. birth. year＝1985；

s. month＝10；　　　　　　　　 s. birth. month＝10；

s. day＝1；　　　　　　　　　　 s. birth. day＝1；

11. 若有定义 struct num {int a; int b;} d[3]＝{{1,4},{2,5},{6,7}};，执行语句
cout＜＜d[2]. a＊d[2]. b/d[1]. b;后的输出结果是(　　)。

A. 2　　　　　　B. 2.5　　　　　　C. 8　　　　　　D. 8.4

12. 下面程序执行后的输出结果是(　　)。

```
1  #include <iostream.h>
2  void main()
3  {
4      struct complx {   int x;   int y ;     } cnum[2]={1,3,2,7};
5      cout<<cnum[0].y/cnum[0].x * cnum[1].x;
6  }
```

A. 0　　　　　　　B. 1　　　　　　C. 2　　　　　　　D. 6

13. 根据下述定义，能输出字母 M 的语句是(　　)。

```
struct person {char name[9]; int age;};
struct person class[10]={"Johu",17,"Paul",19,"Mary",18,
"Adam",16};
```

A. cout＜＜class[3]. name;　　　　　B. cout＜＜class[2]. name[0];

C. cout＜＜class[3]. name[1];　　　　D. cout＜＜class[2]. name[1];

14. 下面程序执行后的输出结果是(　　)。

```
1  #include <iostream.h>
2  struct st {   int x; int * y; } * p;
3  void main()
4  {   int dt[4]={10,20,30,40};
5      struct st aa[4]={ 50,&dt[0],60,&dt[0],60,&dt[0],60,
6                  &dt[0]};
7      p=aa;
8      cout<<++ (p->x);
```

```
9  }
```

A. 10   B. 11   C. 51   D. 60

15. 下面程序执行后的输出结果是(   )。

```
1   #include <iostream.h>
2   #include <iomanip.h>
3   struct STU {
4       char name[10]; int num; float TotalScore;
5   };
6   void f(struct STU * p)
7   {   struct STU s[2]={{"SunDan",20044,550},{"Penghua",
8                     20045,537}}, * q=s;
9     ++p ; ++q; * p= * q;
10  }
11  void main()
12  {   struct STU s[3]={{"YangSan",20041,703},{"LiSiGuo",
13                    20042,580}};
14      f(s);
15      cout<<s[1].name<<" "<<s[1].num<<" ";
16      cout<<setw(3)<<s[1].TotalScore;
17  }
```

A. SunDan 20044 550   B. Penghua 20045 537

C. LiSiGuo 20042 580   D. SunDan 20041 703

16. 有以下程序段：

```
int a=1,b=2,c=3;
struct dent {
    int n ; int * m;
} s[3] ={{101,&a}, {102,&b},{103,&c}};
struct dent * p=s;
```

则以下表达式中值为 2 的是(   )。

A. (p++)−>m   B. * (p++)−>m

C. (* p). m   D. * ((++p)−>m)

17. 以下引用形式不正确的是(   )。

```
struct s {
    int i1; struct s * i2, * i0;
};
static struct s a[3]={2,&a[1],0,4,&a[2],&a[0],6,0,&a[1]}, * ptr=a;
```

A. ptr−>i1++ B. * ptr−>i2   C. ++ptr−>i0 D. * ptr−>i1

18. 设有如下定义：

```
struct sk {
```

```
    int a;
      float b;
} data;
    int * p;
```

若要使 p 指向 data 中的 a,正确的赋值语句是(   )。

A. p=&a;　　　　B. p=data.a;　　　　C. p=&data.a;　　　　D. *p=data.a;

19. 若有定义 struct{int a; char b;} Q, * p=&Q;,则错误的表达式是(   )。

A. *p.b　　　　　B. (*p).b　　　　　C. Q.a　　　　　D. p—>a

20. 设有定义 struct ru{long x;float y;} time, * timep=&time;,则对 time 中成员 x 的正确引用是(   )。

A. ru.time.x　　　B. timep.x　　　C. (*timep).x　　　D. time—>x

21. 下面程序执行后的输出结果是(   )。

```
1  #include <iostream.h>
2  struct s {
3      int x,y;
4  } data[2]={10,100,20,200};
5  void main()
6  {   struct s * p=data;
7      cout<<++(p->x);
8  }
```

A. 10　　　　　　B. 11　　　　　　C. 20　　　　　　D. 21

22. 有以下说明和定义:

```
struct student { int age; char num[8];} ;
struct student stu[3]={{20,"200401"},{21,"200402"},{19,
"200403"}};
struct student * p=stu;
```

以下选项中引用结构体变量成员的表达式错误的是(   )。

A. (p++)—>num　　　　　　　　　B. p—>num

C. (*p).num　　　　　　　　　　D. stu[3].age

23. 有以下程序段:

```
struct st {
    int x;   int * y;
} * pt;
int a[]={1,2},b[]={3,4};
struct st c[2]={10,a,20,b};
pt=c;
```

以下选项中表达式的值为 11 的是(   )。

A. *pt—>y　　B. pt—>x　　　　C. ++pt—>x　　D. (pt++)—>x

24. 若要利用下面的程序段使指针变量 p 指向一个存储整型变量的存储单元,则在 _____ 中应有的内容是(   )。

```
int * p;
p=_____ malloc(sizeof(int));
```

A. int   B. int *   C. (* int)   D. (int *)

25. 以下对C++语言中共用体类型数据的叙述中正确的是(   )。
    A. 可以对共用体变量直接赋值
    B. 一个共用体变量中可以同时存放其所有成员
    C. 一个共用体变量中不能同时存放其所有成员
    D. 共用体类型定义中不能出现结构体类型的成员

26. 下面定义的联合类型的长度是(   )字节。

```
union MyUnion
  {
int x;
char ch;
float num;
bool flag;
}
```

A. 4   B. 1   C. 8   D. 2

27. 有以下说明和定义:

```
union dt {
    int a;char b;double c;
} data;
```

以下叙述中错误的是(   )。
A. data 的每个成员起始地址都相同
B. 变量 data 所占的内存字节数与成员 c 所占字节数相等
C. 程序段 data.a=5;cout<<data.c;的输出结果为 5.000000
D. data 可以作为函数的实参

28. 若有定义 union data {char ch;int x;} a;,下列语句中(   )是不正确的。
    A. a={'x',10}   B. a.x=10;a.x++;
    C. a.ch='x';a.ch++;   D. a.x=10;a.ch='x';

29. 设位段的空间分配由右到左,下面程序执行后的输出结果是(   )。

```
1    #include<iostream.h>
2    struct packed {
3        unsigned a:2;
4        unsigned b:3;
5        unsigned c:4;
6        int i;
```

```
7      } data ;
8      void main()
9      {  data.a=8;
10        data.b=2;
11        cout<<data.a+data.b;
12     }
```

  A. 语法错　　　　　B. 2　　　　　　C. 5　　　　　　D. 10

30. 设有以下说明：

```
struct packed {
    unsigned one:1;
    unsigned two:2;
    unsigned three:3;
    unsigned four:4;
} data;
```

  则以下位段数据的引用中不能得到正确数值的是(　　　)。

  A. data. one＝4　B. data. two＝3　　C. data. three＝2　D. data. four＝1

31. 下面对枚举类型和描述正确的是(　　　)。

  A. 枚举类型的定义为 enum｛Monday，Tuesday，Wednesday，Thursday，Friday｝Day；

  B. 在C++语言中，用户自定义的枚举类型的第一个常量的默认值是1

  C. 可以定义如下枚举类型：enum｛Monday，Tuesday，Wednesday＝5，Thursday，Friday＝5｝

  D. 以上说法都不正确

32. 若有定义 enum color｛red，yellow＝2，blue，white，black｝r＝white；，执行 cout<<r;后的输出结果是(　　　)。

  A. 0　　　　　　B. 1　　　　　　C. 3　　　　　　D. 4

33. 若有定义 enum week｛sun，mon，tue，wed，thu，fri，sat｝day;，以下正确的赋值语句是(　　　)。

  A. sun＝0；　　B. sun＝day；　　C. mon＝sun+1；　D. day＝sun；

34. 下面对 typedef 的叙述中错误的是(　　　)。

  A. 用 typedef 可以定义各种类型名，但不能用来定义变量

  B. 用 typedef 可以增加新类型

  C. 用 typedef 只是将已存在的类型用一个新的标识符来代表

  D. 使用 typedef 有利于程序的通用和移植

35. 以下叙述中错误的是(　　　)。

  A. 共用体类型数据中所有成员的首地址都是同一地址

  B. 可以用已定义的共用体类型来定义数组或指针变量的类型

  C. 共用体类型数据中的成员可以是结构体类型，但不可以是共用体类型

D. 用 typedef 定义新类型取代原有类型后,原类型仍可有效使用

36. 若有定义 typedef char ＊POINT；POINT p,q[3],＊r；,则 p、q 和 r 分别是字符型的(   )。

  A. 变量、一维数组和指针变量

  B. 指针变量、一维数组指针和二级指针变量

  C. 变量、二维数组和指针变量

  D. 指针变量、一维指针数组和二级指针变量

37. 若有定义 typedef struct ｛int n；char ch[8]；｝PER；,以下叙述中正确的是(   )。

  A. PER 是结构体变量名   B. PER 是结构体类型名

  C. typedef struct 是结构体类型   D. struct 是结构体类型名

38. 有以下说明和定义:

```
typedef int ＊INTEGER;
INTEGER p, ＊q;
```

以下叙述中正确的是(   )。

  A. p 是 int 型变量

  B. p 是基类型为 int 的指针变量

  C. q 是基类型为 int 的指针变量

  D. 程序中可用 INTEGER 代替 int 类型名

39. 有以下定义,则在 Visual C++ 6.0 环境下 sizeof(cs)的值是(   )(提示:参考"成员字节对齐")。

```
struct {
    short a;
    char b;
    float c;
} cs;
```

  A. 6   B. 7   C. 8   D. 9

40. 有以下定义,则在 Visual C++ 6.0 环境下 sizeof(cs)的值是(   )。

```
#pragma pack(1)
struct {
    short a;
    char b;
    float c;
} cs;
```

  A. 6   B. 7   C. 8   D. 9

41. 有以下定义,则 sizeof(a)的值是(   )。

```
union U {
```

```
        char st[4];
        short i;
        long l;
    };
    struct A {
        short c;
        union U u;
    } a;
```

  A. 6   B. 7   C. 8   D. 9

42. 有以下定义,则 sizeof(a)的值是(   )。

```
#pragma pack(1)
union U {
    char st[4];
    short i;
    long l;
};
struct A {
    short c;
    union U u;
} a;
```

  A. 6   B. 7   C. 8   D. 9

二、填空题

  1. C++ 语言允许定义由不同数据项组合的数据类型,称为_____。_____和_____都是C++语言的构造类型。

  2. 结构体变量成员的引用方式是使用_____运算符,结构体指针变量成员的引用方式是使用_____运算符。

  3. 若 a、b 都是结构体变量,语句 a＝b;能够执行的条件是_____。

  4. 访问指针变量 p 所指向的结构体数据之成员 b,写作_____。

  5. 若有定义:

```
struct num {
int a ; int b ; float f ;
} n ={1,3,5.0} ;
struct num * pn = &n;
```

  则表达式 pn－＞b/n. a * pn－＞b 的值是_____。表达式（* pn）. a＋pn－＞f 的值是_____。

  6. 若有定义:

```
struct student {
int no; char name[12];
```

```
float score[3];
} s1, * p=&s1;
```

用指针变量 p 给 s1 的成员 no 赋值 1234 的语句是_____。

7. 若有定义 union { int b;char a[9];float x;} un;,则 un 的内存空间是_____字节。

8. 若有定义 enum en{a, b=3,c=4};,则 a 的序值是_____。

9. C++ 语言允许用_____声明新的类型名来代替已有的类型名。

10. 在联合中,所有数据成员具有_____的地址,任一时刻只有_____个数据成员有效。

三、程序阅读题

1. 写出下面程序执行后的运行结果。

```
1    #include <iostream.h>
2    int a=10;
3    struct  data {int a, b;}  s;
4    int f(int b)
5    {cout<<a<<","<<b<<",";
6        return (a+b);
7    }
8    void main()
9    {   int c;
10       s.a=20;s.b=30;
11       c=f (s.a+s.b);
12       cout<<s.a<<","<<s.b<<","<<c;
13   }
```

2. 简要说明下面程序的功能。

```
1    #include <iostream.h>
2    struct {   int hour, minute, second; } time;
3    void main()
4    {   cin>>time.hour;
5    cin>>time.minute;
6    cin>>time.second;
7        time.second++;
8        if (time.second==60) {
9        time.minute++;
10       time.second=0;
11       if (time.minute==60) {
12           time.hour++;          time.minute=0;
13           if (time.hour ==24) time.hour=0;
14       }
```

```
15        }
16        cout<<time.hour<<":"<<time.minute<<":"<<time.second;
17    }
```

3. 写出下面程序执行后的运行结果。

```
1     #include<iostream.h>
2     #include<iomanip.h>
3     struct STU {
4         int num;
5         float TotalScore;
6     };
7     void f(struct STU p)
8     {   struct STU s[2]={{20044,550},{20045,537}};
9         p.num=s[1].num; p.TotalScore=s[1].TotalScore;
10    }
11    void main()
12    {   struct STU s[2]={{20041,703},{20042,580}};
13        f(s[0]);
14        cout<<s[0].num<<setw(4)<<s[0].TotalScore;
15    }
```

4. 写出下面程序执行后的运行结果。

```
1     #include<iostream.h>
2     #define N (sizeof(s)/sizeof(s[0]))
3     struct porb {
4         char * name; int age;
5     } s[]={"LiHua",18,"WangXin",25,"LiuGuo",21};
6     void f(struct porb a[], int n)
7     {   int i;
8         for (i=0;i<n;i++)
9             cout<<a[i].name<<":"<<a[i].age<<endl;
10    }
11    void main()
12    {   f(s, N);
13    }
```

5. 写出下面程序执行后的运行结果。

```
1     #include<iostream.h>
2     struct ks {  int a;  int * b;} s[4], * p ;
3     void main()
4     {   int n=1, i;
5         for (i=0 ; i<4; i++) {
6             s[i].a=n;
7             s[i].b=&s[i].a;
```

```
8          n=n+2;
9        }
10    p=&s[0] , p++;
11  cout<< (++p)->a<<","<< (p++)->a;
12  }
```

6. 写出下面程序执行后的运行结果。

```
1   #include <iostream.h>
2   #include <string.h>
3   struct STU {
4       char name[10];
5       int num;
6   };
7   void f(char * name, int num)
8   {   struct STU s[2]={{"SunDan",20044},{"Penghua",20045}};
9       num =s[0].num;
10      strcpy(name, s[0].name);
11  }
12  void main()
13  {   struct STU s[2]={{"YangSan",20041},{"LiSiGuo",20042}}, * p;
14      p=&s[1]; f(p->name, p->num);
15  cout<<p->name<<" "<<p->num;
16  }
```

7. 写出下面程序执行后的运行结果。

```
1   #include <iostream.h>
2   struct STU {
3       char name[10];      int num;
4   };
5   void f1(struct STU c)
6   {   struct STU b={"LiSiGuo",2042};
7       c=b;
8   }
9   void f2(struct STU * c)
10  {   struct STU b={"SunDan",2044};
11      * c=b;
12  }
13  void main()
14  {
15      struct STU a={"YangSan",2041},b={"WangYin",2043};
16      f1(a); f2(&b) ;
17      cout<<a.num<<" "<<b.num;
18  }
```

8. 写出下面程序执行后的运行结果。

```
1    # include <iostream.h>
2    struct {
3        int a,b;
4        union {int M,N;char ch[10];} in;
5    } Q, * p=&Q;
6    void main()
7    {
8        Q.a=3;Q.b=6;
9        Q.in.M=(* p).a+(* p).b;Q.in.N=p->a * p->b;
10   cout<< sizeof(Q.in)<<","<<Q.in.M<<","<<Q.in.N;
11   }
```

四、程序填空题

1. 下面程序的功能是使用结构型来计算复数 x 和 y 的和。请填空使程序完整、正确。

```
1    # include <iostream.h>
2    # include <iomanip.h>
3    void main()
4    {   struct comp {
5            float re;
6            float im;
7        };
8    (1_____) x, y, z;
9    cin>>x.re>>x.im>>y.re>>y.im;
10   z.re=(2_____);
11   z.im =(3_____);
12   cout<< setw(8)<<setprecision(2)<<z.re<<",";
13   cout<< setw(8)<<setprecision(2)<<z.im;
14   }
```

2. 下面程序的功能是使一个一维数组和一个二维数组同处一个共用型,将数据输入一维数组后,在二维数组中输出。请填空使程序完整、正确。

```
1    # include <iostream.h>
2    void main()
3    {   union data {
4            int a[10];
5            int (1_____);
6        };
7        union data ab;
8        int i,j;
9        for(i=0;i<10;i++)
```

```
10      cin>>ab.(2_____);
11      for(i=0;i<2;i++)
12          for(j=0;j<5;j++)
13          cout<<ab.b[i][j];
14  }
```

五、程序设计题

1. 编写程序用结构体存放下表中的数据,然后输出每人的姓名和工资实发数(基本工资＋浮动工资－支出)。

姓名	基本工资	浮动工资	支出
zhao	240.00	420.00	45.00
qian	360.00	120.00	30.00
sun	560.00	0.0	180.00

2. 设有学生信息如下:学号(长整型)、姓名(字符串)、年龄(整型),英语、数学、语文、政治、物理、化学、计算机成绩(均为实型),总分(实型)、平均分(实型)。编写程序输入10个学生信息,计算每个学生的总分、平均分,然后输出总分最高的学生姓名。

3. 有三只动物,每只都有名称、身长、体重、科属和年龄5个属性,编程完成对其属性进行赋值并输出每只动物的名称和科属。

第9章

类 与 对 象

一、选择题

1. 下面关于类中概念的描述错误的是(　　)。

    A. 类是抽象数据类型的实现

    B. 类是具有共同行为的若干对象的统一描述体

    C. 类是创建对象的样板

    D. 类就是 C 语言中的结构体类型

2. 下列关于C++语言类的描述中错误的是(　　)。

    A. 类用于描述事物的属性和对事物的操作

    B. 类与类之间通过封装而具有明确的独立性

    C. 类与类之间必须是平等的关系,而不能组成层次结构

    D. 类与类之间可以通过一些方法进行通信和联络

3. 在面向对象设计中,对象有很多基本特点,其中"一个系统中通常包含很多类,这些类之间呈树形结构"这一性质指的是对象的(　　)。

    A. 分类性　　　　B. 标识唯一性　　C. 继承性　　　　D. 封装性

4. (　　)是成员变量。

    A. 类的特征　　　B. 类的方法　　　C. 类的事件　　　D. 以上全是

5. 作用域运算符的功能是(　　)。

    A. 标识作用域的级别　　　　　　　B. 指出的大小

    C. 给出的范围　　　　　　　　　　D. 标识某个成员是属于哪一类的

6. 假定 AA 为一个类,a()为该类公有的函数成员,x 为该类的一个对象,则访问 x 对象中函数成员 a()的格式为(　　)。

    A. x.a　　　　　B. x.a()　　　　C. x—>a　　　　D. x—>a()

7. 为了使类中的某个成员不能被类的对象通过成员操作符访问,则不能把该成员的访问权限定义为(　　)。

    A. public　　　　B. protected　　C. private　　　D. static

8. 在用关键字 class 定义的类中,以下叙述正确的是(　　)。

    A. 在类中,不作特别说明的数据成员均为私有类型

    B. 在类中,不作特别说明的数据成员均为公有类型

C. 类成员的定义必须是成员变量定义在前,成员函数定义在后

D. 类的成员定义必须放在类定义体内部

9. 下列关于成员函数特征的描述中,错误的是(　　　)。

  A. 成员函数一定是内联函数　　　　B. 成员函数可以重载

  C. 成员函数可以设置参数的默认值　D. 成员函数可以是静态的

10. 在C++中,数据封装要解决的问题是(　　　)。

  A. 数据规范化排列　　　　　　　　B. 数据高速转换

  C. 避免数据丢失　　　　　　　　　D. 保证数据完整性

11. C++语言鼓励程序员在程序设计时将(　　　)。

  A. 数据和操作分别封装　　　　　　B. 不同类型的数据封装在一起

  C. 数据和操作封装在一起　　　　　D. 不同作用的操作封装在一起

12. 在C++的面向对象程序设计中,类与类之间实现独立性是通过(　　　)。

  A. 友元　　　　B. 继承　　　　C. 派生　　　　D. 封装

13. 所谓数据封装就是将一组数据和与这组数据有关操作组装在一起,形成一个实体,这个实体也就是(　　　)。

  A. 类　　　　B. 对象　　　　C. 函数体　　　　D. 数据块

14. 有以下类定义:

```
class MyClass
{
private:
int id;
char gender;
char * phone;
public:
MyClass():id(0),gender('#'),phone(NULL){}
MyClass(int no,char ge='#',char * ph=NULL)
{id=no;gender=ge;phone=ph;}
};
```

下列类对象定义语句中错误的是(　　　)。

A. MyClass myobj;

B. MyClass myobj(11,"13301111155");

C. MyClass myobj(12,'m');

D. MyClass myobj(12);

15. 下列有关类的说法不正确的是(　　　)。

A. 对象是类的一个实例

B. 任何一个对象只能属于一个具体的类

C. 一个类只能有一个对象

D. 类与对象的关系和数据类型与变量的关系相似

16. 下列表达方式正确的是(　　)。

A. class P{
public：
int x＝15;
void show(){cout<<x;}
};

B. class P{
public：
int x;
void show(){cout<<x;}
}

C. class P{
int f;
};
f＝25;

D) class P{
public：
int a;
void Seta (int x) {a＝x;}}

17. 如果 class 类中的所有成员在定义时都没有使用关键字 public、private、protected,则所有成员缺省定义为(　　)。

A. public　　　　B. protected　　　　C. private　　　　D. static

18. 对类中声明的变量,下列描述中正确的是(　　)。

A. 属于全局变量
B. 只属于该类
C. 属于该类,某些情况下也可被该类不同实例所共享
D. 任何情况下都可被该类所有实例共享

19. 类的私有成员可在(　　)访问。

A. 通过子类的对象　　　　　　　B. 本类及子类的成员函数中
C. 通过该类对象　　　　　　　　D. 本类的成员函数中

20. 下列关于类的权限的描述错误的是(　　)。

A. 类本身的成员函数只能访问自身的私有成员
B. 类的对象只能访问该类的公有成员
C. 普通函数不能直接访问类的公有成员,必须通过对象访问
D. 一个类可以将另一个类的对象作为成员

21. 下列说法中正确的是(　　)。

A. 类定义中只能说明函数成员的函数头,不能定义函数体
B. 类中的函数成员可以在类体中定义,也可以在类体之外定义
C. 类中的函数成员在类体之外定义时必须要与类声明在同一文件中
D. 在类体之外定义的函数成员不能操作该类的私有数据成员

22. 关于类和对象描述错误的是(　　)。

A. 对象(Object)是现实世界中的客观事物,对象具有确定的属性
B. 类是具有相同属性和行为的一组对象的集合
C. 对象是类的抽象,类是对象的实例
D. 类是对象的抽象,对象是类的实例

23. 类的构造函数被自动调用执行的情况是在定义该类的(　　)时。

A. 成员函数　　　　B. 数据成员　　　　C. 对象　　　　D. 友元函数

24. 下列不具有访问权限属性的是( )。

  A. 非类成员   B. 类成员   C. 数据成员   D. 函数成员

25. 设类 A 将其他类对象作为成员,则建立 A 类对象时,下列描述正确的是( )。

  A. 类构造函数先执行   B. 成员构造函数先执行

  C. 两者并行执行   D. 不能确定

26. 假定一个类的构造函数为 A(int aa=1, int bb=0) {a=aa; b=bb;},则执行 A x(4);语句后,x.a 和 x.b 的值分别为( )。

  A. 1 和 0   B. 1 和 4   C. 4 和 0   D. 4 和 1

27. 下面有关类说法不正确的是( )。

  A. 一个类可以有多个构造函数

  B. 一个类只有一个析构函数

  C. 析构函数需要指定参数

  D. 在一个类中可以说明具有类类型的数据成员

28. 对类的构造函数和析构函数描述正确的是( )。

  A. 构造函数可以重载,析构函数不能重载

  B. 构造函数不能重载,析构函数可以重载

  C. 构造函数可以重载,析构函数也可以重载

  D. 构造函数不能重载,析构函数也不能重载

29. 下列构造函数的特点中错误的是( )。

  A. 构造函数是一种成员函数,它具有一般成员函数的特点

  B. 构造函数的名称与其类名相同

  C. 构造函数必须指明其类型

  D. 一个类中可定义一个或多个构造函数

30. 类的默认无参构造函数( )。

  A. 在任何情况下都存在   B. 仅当未定义无参构造函数时存在

  C. 仅当未定义有参构造函数时存在   D. 仅当未定义任何构造函数时存在

31. 类的析构函数的作用是( )。

  A. 一般成员函数   B. 类的初始化   C. 对象初始化   D. 删除对象

32. 下面( )项是对构造函数和析构函数的正确定义。

  A. void X::X(), void X::~X()

  B. X::X(参数), X::~X()

  C. X::X(参数), X::~X(参数)

  D. void X::X(参数), void X::~X(参数)

33. ( )的功能是对象进行初始化。

  A. 析构函数   B. 数据成员   C. 构造函数   D. 静态成员函数

34. 假定 AB 为一个类,则执行 AB x;语句时将自动调用该类的( )。

  A. 有参构造函数   B. 无参构造函数

  C. 拷贝构造函数   D. 赋值构造函数

35. 构造函数不具备的特征是(　　)。

    A. 构造函数的函数名与类名相同　　　B. 构造函数可以重载

    C. 构造函数可以设置默认参数　　　　D. 构造函数必须指定类型说明

36. 通常,拷贝构造函数的参数是(　　)。

    A. 某个对象名　　　　　　　　　　　B. 某个对象的成员名

    C. 某个对象的引用名　　　　　　　　D. 某个对象的指针名

37. 类的析构函数的作用是(　　)。

    A. 一般成员函数　　　　　　　　　　B. 类的初始化

    C. 对象的初始化　　　　　　　　　　D. 删除对象创建的所有对象

38. 以下有关析构函数的叙述不正确的是(　　)。

    A. 析构函数没有任何函数类型

    B. 析构函数的作用是在对象被撤销时收回先前分配的内存空间

    C. 析构函数可以有形参

    D. 一个类只有一个析构函数

39. 若 Sample 类中的一个成员函数说明如下:

    ```
    void set(Sample &a)
    ```

    则 Sample &a 的含义是(　　)。

    A. 指向类 Sample 的名为 a 的指针

    B. a 是类 Sample 的对象引用,用来作函数 Set()的形参

    C. 将 a 的地址赋给变量 Set

    D. 变量 Sample 与 a 按位与的结果作为函数 Set 的参数

40. 类的默认拷贝构造函数(　　)。

    A. 在任何情况下都存在

    B. 仅当未定义拷贝构造函数时存在

    C. 仅当未定义有参构造函数时存在

    D. 仅当未定义任何构造函数时存在

41. 下列情况中,不会调用拷贝构造函数的是(　　)。

    A. 用一个对象去初始化同一类的另一个新对象时

    B. 将类的一个对象赋值给该类的另一个对象时

    C. 函数的形参是类的对象,调用函数进行形参和实参相结合

    D. 函数的返回值是类的对象,函数执行返回调用时

42. 假设 OneClass 为一个类,则该类的拷贝初始化构造函数的声明语句为(　　)。

    A. OneClass(OneClass p);　　　　　B. OneClass& (OneClass p);

    C. OneClass(OneClass & p);　　　　D. OneClass (OneClass * p);

43. 有以下的类定义:

    ```
    class MyClass
    {
    ```

```
public:
    MyClass(){cout<<'1';}
};
```

则执行语句 MyClass a,b[2],* p[2];后,程序的输出结果是(　　)。

　　A. 11　　　　　　B. 111　　　　　　C. 1111　　　　　　D. 11111

44. 类的指针成员的初始化是通过函数完成的,这个函数通常是(　　)。

　　A. 析构函数　　　B. 构造函数　　　C. 其他成员函数　D. 友元函数

45. 假定一个类的构造函数为 A(int aa,int bb){a＝aa++;b＝a*bb++;},则执行 A x(4,5);语句后,x.a 和 x.b 的值分别为(　　)。

　　A. 4 和 5　　　　B. 5 和 4　　　　C. 4 和 20　　　　D. 20 和 5

46. 假定 AB 为一个类,px 为指向该类的一个含有 n 个对象的动态数组的指针,则执行 delete []px;语句时共调用该类析构函数的次数为(　　)。

　　A. 0　　　　　　B. 1　　　　　　C. n　　　　　　D. n+1

47. 已知 p 是一个指向类 sample 数据成员 m 的指针,s 是类 sample 的一个对象。如果要给 m 赋值为 5,(　　)是正确的。

　　A. s.p＝5　　　B. s->p＝5　　C. s.* p＝5　　D. * s.p＝5

48. 假定 AA 是一个类,AA * abc()const;是该类中一个成员函数的原型,若该函数返回 this 值,当用 x.abc()调用该成员函数后,x 的值(　　)。

　　A. 已经被改变　　　　　　　　　B. 可能被改变

　　C. 不变　　　　　　　　　　　　D. 受到函数调用的影响

49. 下列关于 this 指针的叙述中正确的是(　　)。

　　A. this 指针是一个隐含指针,它隐含于类的成员函数中

　　B. 只有在使用 this 时,系统才会将对象的地址赋值给 this

　　C. 类的友元函数也有 this 指针

　　D. this 指针表示了成员函数当前操作的数据所属的对象

50. this 指针存在的目的是(　　)。

　　A. 保证基类公有成员在子类中可以被访问

　　B. 保证每个对象拥有自己的数据成员,但共享处理这些数据成员的代码

　　C. 保证基类保护成员在子类中可以被访问

　　D. 保证基类私有成员在子类中可以被访问

51. 下述静态成员的特性中错误的是(　　)。

　　A. 静态成员函数不能利用 this 指针

　　B. 静态数据成员要在类体外进行初始化

　　C. 引用静态数据成员时,要在静态数据成员名前加<类名>和作用域运算符

　　D. 静态数据成员不是所有对象所共有的

52. 静态数据成员的初始化必须在(　　)。

　　A. 类内　　　　　　B. 类外　　　　　　C. 构造函数内　　　D. 静态成员函数内

53. 静态成员函数没有(　　)。

　　A. 返回值　　　　　　B. this 指针　　　　　C. 指针参数　　　　　D. 返回类型

54. 已知 f1 和 f2 是同一类的两个成员函数,但 f1 不能直接调用 f2,这说明(　　)。

　　A. f1 和 f2 都是静态函数　　　　　　　　B. f1 是静态函数,f2 不是静态函数

　　C. f1 不是静态函数,f2 是静态函数　　　D. f1 和 f2 都不是静态函数

55. 静态成员函数不能说明为(　　)。

　　A. 整型函数　　　　　B. 浮点函数　　　　　C. 虚函数　　　　　D. 字符型函数

56. 对于常数据成员,下面描述正确的是(　　)。

　　A. 常数据成员可以不初始化,并且不能更新

　　B. 常数据成员必须被初始化,并且不能更新

　　C. 常数据成员可以不初始化,并且可以被更新

　　D. 常数据成员必须被初始化,并且可以更新

57. 下列不能作为类的成员的是(　　)。

　　A. 自身类对象的指针　　　　　　　　　B. 自身类对象

　　C. 自身类对象的引用　　　　　　　　　D. 另一个类的对象

58. 下列不是描述类的成员函数的是(　　)。

　　A. 构造函数　　　　　B. 析构函数　　　　　C. 友元函数　　　　　D. 拷贝构造函数

59. 下面关于友元的描述中,错误的是(　　)。

　　A. 友元函数可以访问该类的私有数据成员

　　B. 一个类的友元类中的成员函数都是这个类的友元函数

　　C. 友元可以提高程序的运行效率

　　D. 类与类之间的友元关系可以继承

60. 如果类 A 被说明成类 B 的友元,则(　　)。

　　A. 类 A 的成员即类 B 的成员

　　B. 类 B 的成员即类 A 的成员

　　C. 类 A 的成员函数不得访问类 B 的成员

　　D. 类 B 不一定是类 A 的友元

61. 已知类 A 是类 B 的友元,类 B 是类 C 的友元,则(　　)。

　　A. 类 A 一定是类 C 的友元

　　B. 类 C 一定是类 A 的友元

　　C. 类 C 的成员函数可以访问类 B 的对象的任何成员

　　D. 类 A 的成员函数可以访问类 B 的对象的任何成员

62. 下列关于模板的叙述中,错误的是(　　)。

　　A. 模板声明中的第一个符号总是关键字 template

　　B. 在模板声明中用<>括起来的部分是模板的形参表

　　C. 类模板不能有数据成员

　　D. 在一定条件下函数模板的实参可以省略

63. 下列程序段中有错的是(   )。

    A. template ＜class Type＞   B. Type

    C. func(Type a,b)   D. ｛return (a＞b)？ (a)：(b)；｝

64. 关于关键字 class 和 template,下列描述正确的是(   )。

    A. 程序中所有的 class 都可以替换为 template

    B. 程序中所有的 template 都可以替换为 class

    C. A 和 B 都可以

    D. A 和 B 都不可以

65. 一个(   )允许用户为类定义一种模式,使得类中的某些数据成员以及某些成员函数的返回值能取任意类型。

    A. 函数模板   B. 模板函数   C. 类模板   D. 模板类

66. 如果一个模板声明列出了多个参数,则每个参数之间必须使用逗号隔开,每个参数都必须使用(   )关键字来修饰。

    A. const   B. static   C. void   D. class

67. 类模板的模板参数(   )。

    A. 只可作为数据成员的类型   B. 只可作为成员的返回类型

    C. 只可作为成员函数的参数类型   D. 以上三者均可

68. 模板对类型的参数化提供了很好的支持,因此(   )。

    A. 类模板的主要作用是生成抽象类

    B. 类模板实例化时,编译器将根据给出的模板实参生成一个类

    C. 在类模板中的数据成员都具有同样类型

    D. 类模板中的成员函数都没有返回值

二、填空题

1. 对象的三大基本特性是多态性、_____、封装性。

2. 类是用户定义的类型,具有类类型的变量称作_____。

3. 类在面向对象程序设计中非常重要,在设计类时可以参考一些原则,如充分利用_____增加类的自身可靠性,通过继承建立_____等。

4. 下列程序中类的名称为_____,成员变量有_____,成员函数有_____。

```
class max1
{
public:
int a,b,c;
max(int x,int y);
};
int max1::max(int x,int y)
{int z;
if (x>=y) z=x;
else z=y;
```

```
return(z);
}
```

5. 假定用户为类 AB 定义了一个构造函数 AB(int aa＝0):a(aa){}，则定义该类的对象时，可以有_____种不同的定义格式。

6. 使用指向对象的指针来标识类的成员，则必须使用的运算符是_____。

7. 拷贝初始化构造函数使用_____来初始化创建中的对象。

8. 如果类的成员函数的定义实现在类内，则该函数系统自动默认为该类的_____函数。

9. 假设类 X 的对象 x 是类 Y 的成员对象，则 Y Obj 语句执行时，先调用类_____的构造函数，再调用类_____的构造函数。

10. 定义类动态对象数组时，其元素只能靠自动调用该类的_____进行初始化。

11. 设类 A 有成员函数 void Fun(void);，若要定义一个指向类成员函数的指针变量 pafn 来指向 Fun，该指针变量的声明语句是_____。

12. 设在程序中使用语句 Point * ptr＝new Point[2];申请了一个对象数组，则在需要释放 ptr 指向的动态数组对象时，所使用的语句是_____。

13. 将指向对象的指针作为函数参数，形参是对象指针，实参是对象的_____。

14. 假如类的名称为 MyClass，则这个类默认的构造函数名称为_____。使用这个类的一个对象初始化该类的另一个对象时，可以调用_____构造函数来完成此功能。

15. 静态成员定义的关键字为_____，一般通过_____访问静态成员。

16. 将关键字_____写在函数体之前函数头之后，说明该函数是一个_____，可以防止函数改变数据成员的值。

17. 如把类 B 的成员函数 void fun()说明为类 A 的友元函数，则应在类 A 中加入语句_____。

18. 类的私有成员只能被它的成员函数和_____访问。

19. 在 C++中，利用向量类模板定义一个具有 20 个 char 的向量 E，其元素均被置为字符't'，实现此操作的语句是_____。

20. 根据模板对处理数据的类型的要求不同，可以分为_____和_____两种类型。

三、程序阅读题

1. 写出下面程序的输出结果。

```
1    #include<iostream.h>
2    class Location{
3            int X,Y;
4    public:
5            void init(int=0,int=0);
6            void valueX(int val){X=val;}
7            int valueX(){return X;}
```

```
8              void valueY(int val){Y=val;}
9              int valueY(){return Y;}
10     };
11     void Location::init(int initX,int initY)
12     {
13              X=initX;
14              Y=initY;
15     }
16     void main()
17     {
18              Location A,B;
19              A.init();
20              cout<<A.valueX()<<endl;
21              A.valueX(5);
22              cout<<A.valueX()<<endl<<A.valueY()<<endl;
23              B.init(6,2);
24              B.valueY(4);
25              cout<<B.valueX()<<endl<<B.valueY()<<endl;
26     }
```

2. 写出下面程序的输出结果。

```
1    #include<iostream.h>
2    class A
3    {
4    private:const int a;
5    static int b;
6    public:
7    A(int i):a(i),r(a) { b++; }
8    void print() { cout<<a<<","<<b<<","<<r<<endl; }
9    const int& r;
10   };
11   int A::b=0;
12   void main()
13   {  A a1(33);        a1.print();
14   A a2(44);       a2.print();
15   }
```

3. 写出下面程序的输出结果。

```
1    #include<iostream.h>
2    class Num
3    {
4        int X,Y;
5    public:
6        Num(int x,int y=0){X=x;Y=y;}
```

```
7    void value(int x,int y=0){X=x;Y=y;}
8    void value(){
9        cout<<X;
10   if(Y!=0)
11   cout<< (Y>0?'+':'-')<< (Y>0?Y:-Y)<<'i';
12   cout<<endl;
13   }
14   };
15   void main()
16   {
17   Num n(1);
18   n.value();
19   n.value(2,3);
20   n.value();
21   Num m(3,-4);
22   m.value();
23   }
```

4. 写出下面程序的输出结果。

```
1    #include "iostream.h"
2    class test{
3    private:
4        int num;
5        float fl;
6    public:
7        test();
8        int getint(){return num;}
9        float getfloat(){return fl;}
10       ~test();
11   };
12   test::test(){
13       cout<<"Initalizing default"<<endl;
14       num=0;
15       fl=0.0;
16   }
17   test::~test(){
18       cout<<"Desdtructor is active"<<endl;
19   }
20   int main(){
21       test array[2];
22       cout<<array[1].getint ()<<"␣"<<array[1].getfloat()<<endl;
23   }
```

5. 写出下面程序的输出结果。

```cpp
1    #include <iostream.h>
2    class A{
3    private:
4        double X,Y;
5    public:
6        A(double xx=0, double yy=0) {
7            X=xx;
8            Y=yy;
9            cout<<"构造函数被调用("<<X<<","<<Y<<")"<<endl;
10       }
11       A(A &p) {
12           X=p.X;
13           Y=p.Y;
14       }
15   };
16   A f(){
17       A a(1,2);
18       return a;
19   }
20   void main(){
21       A a(4,5);
22       A b(a);
23       b=f();
24   }
```

6. 写出下面程序的输出结果。

```cpp
1    #include<iostream.h>
2    class Sample{
3    private:
4        int i;
5        static int count;
6    public:
7        Sample();
8        void display();
9    };
10   Sample::Sample(){
11       i=0;
12       count++;
13   }
14   void Sample::display(){
15       cout<<"i="<<i++<<",count="<<count<<endl;
16   }
```

```
17    int Sample::count=0;
18    void main(){
19        Sample a,b;
20        a.display();
21        b.display();
22    }
```

7. 写出下面程序的输出结果。

```
1     #include <iostream>
2     #include<string>
3     using namespace std;
4     class Book {
5         char * title;
6         char * author;
7         int numsold;
8     public:
9         Book(){}
10        Book(const char * str1,const char * str2,const int num){
11            int len=strlen(str1);
12            title=new char[len+1];
13            strcpy(title,str1);
14            len=strlen(str2);
15            author=new char[len+1];
16            strcpy(author,str2);
17            numsold=num;
18        }
19        void setbook(const char * str1,const char * str2,const int num){
20            int len=strlen(str1);
21            title=new char[len+1];
22            strcpy(title,str1);
23            len=strlen(str2);
24            author=new char[len+1];
25            strcpy(author,str2);
26            numsold=num;
27        }
28        ~Book(){
29            delete title;
30            delete author;
31        }
32        void print(ostream&output){
33            output<<"书名: "<<title<<endl;
34            output<<"作者: "<<author<<endl;
35            output<<"月销售量: "<<numsold<<endl;
36        }
```

```
37    };
38    void main(){
39        Book obj1("C++语言程序设计","姜学峰",300),obj2,obj3;
40        obj1.print(cout);
41        obj2.setbook("C++语言程序设计实验教程","魏英",200);
42        obj2.print(cout);
43        obj3.setbook("C++习题与解析","刘君瑞",200);
44        obj3.print(cout);
45    }
```

8. 写出下面程序的输出结果。

```
1    #include<iostream.h>
2    class Test{
3    private:
4        static int val;
5        int a;
6    public:
7        static int func();
8        static void sfunc(Test &r);
9    };
10   int Test::val=20;
11   int Test::func(){
12        val--;
13        return val;
14   }
15   void Test::sfunc(Test &r){
16        r.a=25;
17        cout<<"Result3="<<r.a<<endl;
18   }
19   void main(){
20        cout<<"Resultl="<<Test::func()<<endl;
21        Test a;
22        cout<<"Result2="<<a.func()<<endl;
23        Test::sfunc(a);
24   }
```

9. 写出下面程序的输出结果。

```
1    #include<iostream.h>
2    class Location{
3    public:
4        int X,Y;
5        void init(int initX,int initY);
6        int GetX();
7        int GetY();
```

```
8      };
9      void Location::init (int initX,int initY){
10         X=initX;
11         Y=initY;
12     }
13     int Location::GetX(){
14         return X;
15     }
16     int Location::GetY(){
17         return Y;
18     }
19     void display(Location& rL){
20         cout<<rL. GetX()<<"_"<<rL.GetY()<<'\n';
21     }
22     void main(){
23         Location A[5]={{0,0},{1,1},{2,2},{3,3},{4,4}};
24         Location * rA=A;
25         A[3].init(5,3);
26         rA->init(7,8);
27         for (int i=0;i<5;i++)
28             display(* (rA++));
29     }
```

10. 写出下面程序的输出结果。

```
1      #include<iostream.h>
2      class FunArray{
3          int   * pa;              //指向一个数组空间
4          int size;                //数组元素个数
5      public:
6          FunArray(int a[ ],int thesize):pa(a),size(thesize){ }
7          int Size( ){return size;}
8          int& operator[ ](int index){return pa[index-1];}
9      };
10     void main( ){
11         int s[ ]={3,7,2,1,5,4};
12         FunArray ma(s,sizeof(s)/sizeof(int));
13         ma[3]=9;
14         for(int i=1;i<=ma.Size( );i++) cout<<ma[i]<<',';
15     }
```

11. 写出下面程序的输出结果。

```
1      #include <iostream.h>
2      class A
3      {
```

```
4   private:
5   static int n;
6   int X;
7   public:
8   A(int x=0) { X=x; n++; }
9   ~A() { n--; }
10  static int GetNum(){ return n; }
11  void print();
12  };
13  void A::print() { cout << "n=" <<n <<", X=" <<X<<endl; }
14  int A::n =0;
15  void main()
16  {   A * p=new A(12);
17  p->print();
18  A a(34);
19  a.print();
20  delete p;
21  cout << "n="<<A::GetNum() <<endl;
22  }
```

12. 写出下面程序的输出结果。

```
1   #include <iostream.h>
2   class A
3   {
4   private:
5   int   X,Y;
6   public:
7   A()   {
8   X=Y=0;
9   cout<< "Default Constructor called."<<endl;
10  }
11  A(int xx,int yy)   {
12  X=xx;Y=yy;
13  cout<< "Constructor called."<<endl;
14  }
15  ~A() {
16  cout<< "Destructor called."<<endl;
17  }
18  };
19  void main()
20  {
21  A * p1=new A;
22  delete  p1;
23  p1=new A(1,2);
```

```
24    delete p1;
25    }
```

13. 写出下面程序的输出结果。

```
1     #include <iostream.h>
2     class Sample
3     {
4         int x;
5         int y;
6     public:
7         Sample(int a,int b){x=a;y=b;}
8         int getx(){return x;}
9         int gety(){return y;}
10    };
11    void main()
12    {int (Sample:: * fp)();
13    fp=&Sample::getx;
14    Sample s(2,7), * p=&s;
15    int v=(p-> * fp)();
16    fp=&Sample::gety;
17    int t=(p-> * fp)();
18    cout<<"v="<<v<<",t="<<t<<endl;
19    }
```

14. 写出下面程序的输出结果。

```
1     #include<iostream.h>
2     template<class T>
3     class Tclass{
4         T x,y;
5     public:
6         Tclass(T a,T b):x(a){y=b;}
7         Tclass(T a){y=(T)0,x=a;}
8         void pr(){
9             char c;
10            c=(y>=(T)0?'+':'-');
11            cout<<x<<c<<(y>(T)0?y:-y)<<"i"<<endl;
12        }
13    };
14    void main(){
15        Tclass<double>a(10.5,-5.8);
16        a.pr();
17        Tclass<int>b(10);
18        b.pr();
19    }
```

四、程序填空题

1. 在下面程序的下划线处填上适当的字句,使该程序执行结果为 10。

```
1    #include <iostream.h>
2    class base{
3        int X;
4    public:
5        (1_____)        //为 X 置值
6        (2_____)        //取 x 值
7    };
8    void main()
9    {    base test;
10   test.init(3);
11   cout<<test.Getnum();
12   }
```

2. 完成下面类中成员函数的定义。

```
1    class test{
2    private:
3    int num;
4    float x;
5    public:
6    test(int,float f);
7    test(test&);
8    };
9    test::test(int n,float f)
10   {num=n;
11   (1_____)
12   test::test(text& t)
13   {
14   (2_____)
15   x=t.f1;
16   }
```

3. 类的头文件如下所示,产生对象 T,且 T. num＝10,并使用 P 函数输出这个对象的值。

```
1    class test{
2      private:
3    int num;
4    public:
5        test(int);
6    void show();}
7    test::test(int n){   num=n;}
```

```
8    test::P(){cout<<num<<endl;}
9    #include<iostream.h>
10   void main()
11   {
12     (1_____)
13     (2_____)
14   }
```

4. 已知一个类的定义如下(假设类的成员函数已实现),该程序运行结果为:

```
23␣78␣46␣55␣62␣76↙
78↙
```

```
1    #include<iostream.h>
2    class AA {
3        int a[10];
4        int n;
5    public:
6        void SetA(int aa[], int nn);        //用数组 aa 初始化数据成员 a
7      //用 nn 初始化数据成员 n
8        int MaxA();                          //从数组 a 中前 n 个元素中查找最大值
9        void SortA();        //采用选择排序的方法对数组 a 中前 n 个元素进行从小到大排序
10       void InsertA();      //采用插入排序的方法对数组 a 中前 n 个元素进行从小到大排序
11       void PrintA();                       //依次输出数组 a 中的前 n 个元素
12     //最后输出一个换行
13   };
14   //使用该类的主函数如下:
15   void main(){
16       int a[10]={23,78,46,55,62,76,90,25,38,42};
17       AA x;
18       (1_____)
19       int m= (2_____)
20       (3_____)
21       cout<<m<<endl;
22   }
```

5. 根据注释将程序补充完整。

```
1    class A {
2    int a,b;
3    public:
4      (1_____)                //定义构造函数,使参数 aa 和 bb 的默认值为 0
5    //在函数体中用 aa 初始化 a,用 bb 初始化 b
6    };
7    main(){
8    A * p1, * p2;
9      (2_____);              //调用无参构造函数生成由 p1 指向的动态对象
```

```
10    (3_____);              //调用带参构造函数生成由 p2 指向的动态对象
11    //使 a 和 b 成员分别被初始化为 4 和 5
12  }
```

6. 请在下面程序的下划线处填上适当内容,以使程序完整,并使程序的输出为:

```
2,1↙
4,3↙
```

```
1   #include<iostream.h>
2   class A
3   {
4       int a;
5   public:
6       A(int i=0){a=i;}
7       int Geta(){return a;}
8   };
9   class B
10  {
11      A a;
12      int b;
13  public:
14      B(int i=0,int j=0): (1_____)
15      void display(){cout<<a.Geta()<<','<<b<<endl;}
16  };
17  void main()
18  {
19      B b[2]={B(1,2),B(3,4)};
20      for(int i=0;i<2;i++)
21          (2_____)
22  }
```

7. 程序填空题。

```
1   #include<iostream.h>
2   #include<stdlib.h>
3   class A {
4       int * a; int n; int MaxLen;
5   public:
6   A(): a(0), n(0), MaxLen(0) {}
7   A(int * aa, int nn, int MM) {
8   n=nn;
9   MaxLen=MM;
10  if(n>MaxLen) exit(1);
11  a=new int [MaxLen];
12  (1_____)
```

　　　　　　　　　//以 i 为循环变量把 aa 数组中每个元素值传送给 a 数组的对应元素中

```
13   }
14   ~A();
15   int GetValue(int i) {return a[i];}      //函数体返回 a[i]的值
16   };
17
18   (2                          )            //析构函数的类外定义
19
20   void main()
21   {
22   int b[10]={1,2,3,4,5,6,7,8,9,10};
23     A r(b,10,10);
24   int i,s=0;
25   (3                      );
                 //以 i 为循环变量,把 r 对象的 a 数据成员中的每个元素值依次累加到 s 中
26   cout<<"s="<<s<<endl;
27   }
```

8. 根据程序的运行结果完成填空。

```
1    #include "iostream.h"
2    class test{
3    private:
4        int num;
5        float fl;
6    public:
7        test();
8        int getint(){return num;}
9        float getfloat(){return fl;}
10       ~test();
11   };
12   test::test(){cout<<"Initializing default"<<endl;
13   (1                )
14   }
15   test::~test(){cout<<"Desdtructor is active"<<endl;}
16   int main()
17   {test array[2];
18   cout<<array[1].getint()<<" "<<array[1].getfloat()<<endl;}
19
20   运行结果为:
21   Initializing default
22   (2                      )            //填写结果
23   0 0
24   Desdtructor is active
25   Desdtructor is active
```

9. 在下面程序段的下划线处填上适当的内容。

```
1   class A{
2           (1_____)
3           int n;
4        public:
5           A(int nn=0):n(nn){
6              if(n==0)a=0;
7              else a=new int[n];
8           }
9           (2_____)        //定义析构函数,释放动态数组空间
10      };
```

10. 在下划线处填上适当内容,使程序完整。

```
1   #include<iostream.h>
2   #include<math.h>
3   class loc{
4   private:
5       float x,y;
6   public:
7       loc((1_____)){x=x1; y=y1;}
8       float getx(){return x;}
9       float gety(){return y;}
10      (2_____)float dis(loc&,loc&);
11  };
12  float loc::dis(loc&a,loc&b)
13  {
14          float dx=a.x-b.x;
15          float dy=a.y-b.y;
16          return sqrt(dx*dx+dy*dy);
17  }
18  void main()
19  {
20          loc p1(3.5,4.5),p2(5.5,6.5);
21          float d=loc::dis(p1,p2);
22          cout<<"The distance is"<<d;
23  }
```

11. 在下面的下划线处填上适当字句,完成类中成员函数的定义。

```
1   #include <iostream.h>
2   class A
3   {
4   private:
5       int  X,Y;
```

```
6   public:
7       A() { X=Y=0;  }
8       A(int xx,int yy) :X(xx),Y(yy) {  }
9       A(A &a) {
10          (1                        )
11      }
12      int GetX() {return X;}
13      int GetY() {return Y;}
14      void SetXY(int x,int y) { X=x;   Y=y;    }
15  };
16  int main()
17  {
18      A * Ptr=new A[2];
19      Ptr[0].SetXY(5,10);
20      Ptr[1].SetXY(15,20);
21      cout<<"Release Ptr …"<<endl;
22      (2                    )                    //释放动态分配内存
23      return 0;
24  }
```

12. 程序的输出结果如下,请根据输出数据在下面程序中的下划线处填写正确的语句。

```
1,9
50,30
```

```
1   #include<iostream>
2   using namespace std;
3   class base{
4   private:
5       int m;
6   public:
7       base(){ };
8       base(int a):m(a){}
9       int get(){return m;}
10      void set(int a){m=a;}
11  };
12  void main(){
13      base * ptr=new base[2];
14      ptr->set(30);
15      ptr=(1                    );
16      ptr->set(50);
17      base a[2]={1,9};
18      cout<<a[0].get()<<","<<a[1].get()<<endl;
19      cout<<ptr->get()<<",";
```

```
20      ptr=ptr-1;
21      cout<< (2_____)<<endl;
22      delete[] ptr;
23    }
```

13. 根据注释在下划线处填写适当内容。

```
1    class Location{
2    private:
3        int X,Y;
4    public:
5        void init(int initX,int initY);
6        int GetX();
7        int GetY();
8    };
9    void Location::init(int initX,int initY){
10       X=initX;
11       Y=initY;
12   }
13   int Location::GetX(){
14       return X;
15   }
16   int Location::GetY(){
17       return Y;
18   }
19   #include<iostream.h>
20   void main(){
21       Location A1;
22       A1.init(20,90);
23       (1_____)      //定义一个指向 A1 的引用 rA1
24       (2_____)      //用 rA1 在屏幕上输出对象 A1 的数据成员 X 和 Y 的值
25   }
```

14. 请在下划线处填上适当内容,以使程序完整,并使程序的输出为 5。

```
1    #include<iostream.h>
2    class Integer{
3        int x;
4    public:
5        Integer(int a=0){x=a;}
6        void display(){cout<<x<<endl;}
7        (1_____)
8    };
9    Integer Max(Integer a,Integer b){
10       if((2_____))
11           return a;
```

```
12        return b;
13    }
14  void main(){
15      Integer a(3),b(5),c;
16      c=Max(a,b);
17      c.display();
18  }
```

15. 请在下划线处填上适当的字句，以使程序完整。

```
1   #include <iostream.h>
2   #include "math.h"
3   class Point
4   {
5   private:
6   double X,Y;
7   (1_____)Line;
8   public:
9   Point(double x=0, double y=0) {
10        X=x;    Y=y;
11   }
12   Point(Point &p){
13        X=p.X;    Y=p.Y;
14   }
15   };
16   class Line
17   {
18   private:
19       Point p1,p2;
20   public:
21       Line(Point &xp1, Point &xp2): (2_____){}
22       double GetLength();
23   };
24   double Line::GetLength()
25   {    double dx=p2.X-p1.X;
26   double dy=p2.Y-p1.Y;
27   return sqrt(dx * dx +dy * dy);
28   }
29   void main()
30   {
31   Point p1,p2(3,4);
32   Line L1(p1,p2);
33   cout<<L1.GetLength()<<endl;
34   }
```

16. 在下面程序的下划线处填上适当内容,以使该程序执行结果为:

　　12↙

　　88↙

```
1   #include<iostream.h>
2   template<class T>
3   class Tany{
4   public:
5       (1_____);
6       void pr(){
7           if(sizeof(int)==(2_____))
8               cout<<(x>y?x:y)<<endl;
9           else
10              cout<<(x>y?y:x)<<endl;
11      }
12  };
13  void main(){
14      Tany<double>dobj={12.0,88.0};
15      dobj.pr();
16      Tany<int>iobj={12,88};
17      iobj.pr();
18  }
```

五、程序修改题

1. 下面类的定义中有一处错误,请用下划线标出错误所在行并说明出错原因。

```
1   class MyClass{
2   int x=20,y;
3   public:
4   MyClass(int aa,int bb);
5   int GetX();
6   int GetY();
7   };
```

2. 下面的类定义中有一处错误,请用下划线标出错误所在行并给出修改意见。

```
1   #include<iostream.h>
2   class f{
3   private:int x,y;
4   public:f1(){x=0;y=0;}
5   print(){cout<<x<<""<<y<<endl;}
6   }
7   main(){
8   f a;
9   a.f1(1,1);
```

```
10   a.print( );
11   }
```

3. 用下划线标出下面程序 main 函数中的错误所在行,并说明错误原因。

```
1    #include<iostream.h>
2      class Location{
3          private:
4                 int X,Y;
5          public;
6                 void init(int initX,int initY);
7                 int sumXY( );
8      };
9      void Location::init(int initX,int initY)
10     {
11         X=initX;
12         Y=initY;
13     }
14     int Location::sumXY( )
15     {
16         return X+Y;
17     }
18
19     void main( )
20     {
21         Location A1;
22         int x,y;
23         A1.init(5,3);
24         x=A1.X;y=A1.Y;
25         cout<<x+y<<"   "<<A1.sumXY( )<<endl;
26     } #include<iostream.h>
27   class Location{
28   private:
29       int X,Y;
30   public:
31       void init(int initX,int initY);
32       int sumXY( );
33   };
34   void Location::init(int initX,int initY)
35   {
36       X=initX;
37       Y=initY;
38   }
39   int Location::sumXY( )
40   {
```

```
41        return X+Y;
42    }
43    void main()
44    {
45        Location A1;
46        int x,y;
47        A1.init(5,3);
48        x=A1.X;
49        y=A1.Y;
50        cout<<x+y<<"   "<<A1.sumXY()<<endl;
51    }
```

4. 指出下面引用性说明类 MyClass 的用法的错误之处，并说明出错原因。

```
1    class MyClass;
2    void main() {
3    MyClass obj1;
4    MyClass * p;
5    void func( MyClass obj);
6    }
```

5. 下面的类定义中有一处错误，请用下划线标出错误所在行并说明错误原因。

```
1    class A {
2        int a,b;
3      public:
4        A(int aa=0, int bb){
5    a=aa; b=bb;
6    }
7    };
```

6. 下面的类定义中有一处错误，请用下划线标出错误所在行并说明错误原因。

```
1    class Location {
2        int X, Y;
3    protected:
4        int SetZero (int zeroX, int zeroY);
5    private:
6        int length, height;
7    public:
8        void Location (int initX, int initY);
9        int GetX ();
10       int GetY ();
11   };
```

7. 下面的程序有一处错误，请用下划线标出错误所在行并提出修改意见。

```
1    #include <iostream.h>
```

```
2    class CU{
3      enum {INT, FLOAT} type;
4      union value{
5          int ivalue;
6          float fvalue;
7      };
8
9    public:
10
11       CU(int x):type(INT),ivalue(x){}
12       CU(float y):type(FLOAT),fvalue(y){}
13       void print() {
14         if (type ==INT)
15            cout <<ivalue;
16         else
17            cout <<fvalue;
18       }
19   };
20   void main (){
21      CU fCU ((float) 5.6);
22      CU iCU (8);
23      fCU.print ();
24      cout <<endl;
25      iCU.print ();
26   }
```

8. 假定下面程序将分数 a 和 b 相加,其和赋值给 c 并输出,要求输出结果为"13/18"。其主函数存在着三行语句错误,请指出错误行的行号并改正。

```
1    #include<iostream.h>
2    class Franction{              //定义分数类
3    int nume;                     //定义分子
4    int deno;                     //定义分母
5    public:
6    //把 * this 化简为最简分数,具体定义在另外文件中实现
7    void FranSimp();
8    //返回两个分数 * this 和 x 之和,具体定义在另外文件中实现
9    Franction FranAdd(const Franction& x);
10   //置分数的分子和分母分别为 0 和 1
11   void InitFranction() {nume=0; deno=1;}
12   //置分数的分子和分母分别为 n 和 d
13   void InitFranction(int n,int d) {nume=n; deno=d;}
14   //输出一个分数
15   void FranOutput() {cout<<nume<< '/'<<deno<<endl;}
16   };
```

```
17
18   void main()
19   {
20   Franction a,b,c;
21   a.InitFranction(7,18);
22   b.InitFranction(1);
23   c.InitFranction();
24   c=FranAdd(a,b);
25   cout<<c.nume<< '/'<<c.deno<<endl;
26   }
```

9. 指出下面程序中的错误，并改正。

```
1    #include<iostream.h>
2    class point{
3    private:
4        float x;
5    public:
6        void f(float a){x=a;}
7        void f( ){x=0;}
8        friend float max(point& a,point& b);
9    };
10   float max(point& a,point& b){
11       return(a.x>b.x)?a.x:b.x;}
12   main( ){
13       point a,b;
14       a.f(2.2);
15       b.f(3.3);
16       cout<<a.max(a,b);
17   }
```

10. 指出下面程序中的错误，并改正。

```
1    #include<iostream.h>
2    template<class T>
3    class f{
4    private:
5    T x,y;
6    public:
7    void f1(T a,T b){x=a;y=b;}
8        T max( ){return(x>y)?x:y;}
9    };
10   main( ){
11   f a;
12   a.f1(1.5,3.8);
13   cout<<a.x<<a.y<<a.max( )<<endl;
14   }
```

六、程序设计题

1. 下面是一个类的测试程序,设计出能使用如下测试程序的类。

```
1    void main()
2    {
3    Test x;
4    x.initx(300,200);
5    x.printx();
6    }
```

输出结果:300-200=100

2. 在三角形类 TRI 实现两个函数,功能是输入三个顶点坐标判断是否构成三角形,请写出两个函数的过程(如果需要形式参数,请给出形参类型和数量,以及返回值类型)。

```
1    #include<iostream.h>
2    #include<math.h>
3    class point{
4    private:
5        float x,y;
6    public:
7        point(float a,float b){x=a;y=b;}
8        point(){x=0;y=0;}
9        void set(float a,float b){x=a;y=b;}
10       float getx(){return x;}
11       float gety(){return y;}
12   };
13   class tri{
14       point x,y,z;
15       float s1,s2,s3;
16   public:
17       …
18       settri(…);                          //用于输入三个顶点坐标
19       …
20       test(…);                            //用于判断是否构成三角形
21   };
```

3. 定义 cat 和 mouse 两个类,并通过类中成员或友元函数体现两类之间的关系。

4. 定义学生类,实现管理学生信息的基本操作,为实现学生信息管理系统做准备。

5. 定义点(Point)、线(Line)及图形类(shape),并实现计算图形周长、图形面积等常见操作。

6. 定义一个时间类,实现设置时间、判定两个时间先后及打印时间的功能。

第10章

继承与派生

一、选择题

1. 定义新类是通过( )实现的。
   A. 信息隐藏　　　　B. 数据封装　　　　C. 继承机制　　　　D. 数据抽象
2. 若要用派生类的对象访问基类的保护成员,以下观点正确的是( )。
   A. 可采用共有继承　　　　　　　　　B. 可采用私有继承
   C. 可采用保护继承　　　　　　　　　D. 不可能实现
3. 有如下程序:

```
1    #include <iostream>
2    using namespace std;
3    class Base{
4    protected:
5        Base(){cout<< 'A';}
6        Base(char c){cout<<c;}
7    };
8    class Derived:public Base{
9    public:
10       Derived(char c){cout<<c;}
11   };
12   int main(){
13       Derived d1('B');
14       return 0;
15   }
```

   执行这个程序,屏幕上将显示输出( )。
   A. B　　　　　　　　B. BA　　　　　　　C. AB　　　　　　　D. BB
4. 继承具有( ),即当基类本身也是某一个类派生类时,底层的派生类也会自动继承间接基类的成员。
   A. 规律性　　　　　　B. 传递性　　　　　C. 重复性　　　　　D. 多样性
5. 应在下列程序下划线处填入的正确语句是( )。

```
1    #include <iostream.h>
2    class Base{
```

```
3   public:
4       void fun(){cout<<"Base::fun"<<endl;
5   };
6   class Derived:public Base{
7       void fun()
8       {(_____)                    //显式调用基类的函数 fun()
9       cout<<"Derived::fun"<<endl;}
10  };
```

　A. fun();　　　　B. Base.fun();　　C. Base::fun();　D. Base—>fun();

6. 派生类的对象对它的基类成员中(　　)是可以访问的。

　A. 公有继承的公有成员　　　　　　B. 公有继承的私有成员

　C. 公有继承的保护成员　　　　　　D. 私有继承的公有成员

7. C++ 类体系中,不能被派生类继承的有(　　)。

　A. 构造函数　　　　B. 虚函数　　　　C. 静态成员函数　D. 赋值操作函数

8. C++ 的继承性允许派生类继承基类的(　　)。

　A. 部分特性,并允许增加新的特性或重定义基类的特性

　B. 部分特性,但不允许增加新的特性或重定义基类的特性

　C. 所有特性,并允许增加新的特性或重定义基类的特性

　D. 所有特性,但不允许增加新的特性或重定义基类的特性

9. 下列有关模板和继承的叙述正确的是(　　)。

　A. 模板和继承都可以派生出一个类系

　B. 从类系的成员看,模板类系的成员比继承类系的成员较为稳定

　C. 从动态性能看,继承类系比模板类系具有更多的动态特性

　D. 相同类模板的不同实例一般没有联系,而派生类各种类之间有兄弟父子等关系

10. 对基类和派生类的关系描述中,错误的是(　　)。

　A. 派生类是基类的具体化　　　　　B. 基类继承了派生类的属性

　C. 派生类是基类定义的延续　　　　D. 派生类是基类的特殊化

11. 派生类的构造函数的成员初始化列表中不能包含(　　)。

　A. 基类的构造函数　　　　　　　　B. 派生类中子对象的初始化

　C. 基类中子对象的初始化　　　　　D. 派生类中一般数据成员的初始化

12. 下列说法中错误的是(　　)。

　A. 公有继承时基类中的 public 成员在派生类中仍是 public 成员

　B. 私有继承时基类中的 protected 成员在派生类中仍是 protected 成员

　C. 私有继承时基类中的 public 成员在派生类中是 private 成员

　D. 保护继承时基类中的 public 成员在派生类中是 protected 成员

13. 下列关于子类型的描述中,错误的是(　　)。

　A. 子类型关系是可逆的

　B. 公有派生类的对象可以初始化基类的引用

C. 只有公有的继承下,派生类是基类的子类型

D. 子类型关系是可传递的

14. 下列描述中错误的是( )。

A. 派生类可以作为基类派生其他的子类

B. 派生类继承基类的所有数据成员

C. 派生类可以有多个基类

D. 派生类不能继承一些函数成员

15. C++类体系中,能被派生类继承的有( )。

A. 构造函数　　　B. 虚函数　　　C. 友元函数　　　D. 析构函数

16. 假设 Class Y: public X,即类 Y 是类 X 的派生类,则说明创建一个 Y 类的对象时和删除 Y 类对象时调用构造函数和析构函数的次序分别为( )。

A. X,Y;Y,X　　B. X,Y;X,Y　　C. Y,X;X,Y　　D. Y,X;Y,X

17. 在( )派生方式中,派生类可以访问基类中的 protected 成员。

A. public 和 private　　　　　　B. public 和 protected

C. protected 和 private　　　　D. 仅 protected

18. 以下有关继承的叙述正确的是( )。

A. 构造函数和析构函数都能被继承

B. 派生类是基类的组合

C. 派生类对象除了能访问自己的成员以外,不能访问基类中的所有成员

D. 基类的公有成员一定能被派生类的对象访问

19. 若派生类的成员函数不能直接访问基类中继承来的某个成员,则该成员一定是基类中的( )。

A. 私有成员　　　　　　　　　　B. 公有成员

C. 保护成员　　　　　　　　　　D. 保护成员或私有成员

20. 下面叙述不正确的是( )。

A. 派生类一般都用公有派生

B. 对基类成员的访问必须是无二义性的

C. 赋值兼容规则也适用于多重继承的组合

D. 基类的公有成员在派生类中仍然是公有的

21. 若有如下类定义:

```
1   class B{
2     void fun1(){}
3     protected:
4     double var1:
5     public:
6     void fun2(){}
7   };
8   class D:public B{
9     protected:
```

```
10    void fun3(){}
11    };
```

已知 obj 是类 D 的对象,下列语句中不违反类成员访问控制权限的是(   )。

    A. obj.fun1();   B. obj.var1;   C. obj.fun2();   D. obj.fun3();

22. 建立包含有类对象成员的派生类对象时,自动调用构造函数的执行顺序依次为(   )。

    A. 自己所属类、对象成员所属类、基类的构造函数

    B. 对象成员所属类、基类、自己所属类的构造函数

    C. 基类、对象成员所属类、自己所属类的构造函数

    D. 基类、自己所属类、对象成员所属类的构造函数

23. 在派生类中定义友元函数时必须在(   )方面与基类保持一致。

    A. 参数类型   B. 参数名字   C. 操作内容   D. 赋值

24. 要将类 A 说明是类 B 的虚基类,正确的描述是(   )。

    A. class virtual B:public A   B. class B:virtual public A

    C. virtual class B:public A   D. class B:public A virtual

25. 下列关于多继承二义性的描述中,错误的是(   )。

    A. 一个派生类的两个基类中都有某个同名成员,派生类中这个成员的访问可能出现二义性

    B. 解决二义性的最常用方法是对成员名的限定法

    C. 基类和派生类中同时出现的同名函数也存在二义性问题

    D. 一个派生类是从两个基类派生出来的,而这两个基类又有一个共同的基类,对该基类成员进行访问时可能出现二义性

26. 解决二义性问题的方法有(   )。

    A. 只能使用作用域分辨操作符

    B. 使用作用域分辨操作符或赋值兼容规则

    C. 使用作用域分辨操作符或虚基类

    D. 使用虚基类或赋值兼容规则

27. 假设类 X 以类 Y 作为它的一个基类,并且 X 类的名字 func() 支配 Y 类的名字 func(),obj 为类 X 的对象,则 obj.func() 语句实现的功能为(   )。

    A. 先执行类 X 的 func(),再执行访问类 Y 的 func()

    B. 先执行类 Y 的 func(),再执行访问类 X 的 func()

    C. 执行类 X 的 func()

    D. 执行类 Y 的 func()

28. 多重继承的构造顺序可分为如下 4 步:

(1) 所有非虚基类的构造函数按照它们被继承的顺序构造

(2) 所有虚基类的构造函数按照它们被继承的顺序构造

(3) 所有子对象的构造函数按照它们被继承的顺序构造

(4) 派生类自己的构造函数体

这 4 个步骤的正确顺序是(　　　)。

　　A. (4)(3)(2)(1)　　　　　　　　B. (2)(4)(3)(1)

　　C. (2)(1)(3)(4)　　　　　　　　D. (3)(4)(1)(2)

29. 带有基类的多层派生类构造函数的成员初始化列表中都要排出虚基类的构造函数,这样将对虚基类的子对象初始(　　　)。

　　A. 与虚基类下面的派生类个数有关　　B. 多次

　　C. 二次　　　　　　　　　　　　D. 一次

30. 在类中声明转换函数时不能指定(　　　)。

　　A. 参数　　　　　B. 访问权限　　　C. 操作　　　　D. 标识符

31. 一个在基类中说明的虚函数,它在该基类中没有定义,但要求任何派生类都必须定义自己的版本,此虚函数又称为(　　　)。

　　A. 虚析构函数　　　　　　　　　　B. 虚构造函数

　　C. 纯虚函数　　　　　　　　　　　D. 静态成员函数

32. 下面的描述中,正确的是(　　　)。

　　A. virtual 可以用来声明虚函数

　　B. 含有纯虚函数的类是不可以用来创建对象的,因为它是虚基类

　　C. 即使基类的构造函数没有参数,派生类也必须建立构造函数

　　D. 静态数据成员可以通过成员初始化列表来初始化

33. 在派生类中重新定义虚函数时,除了(　　　)方面外,其他方面都必须与基类中相应的虚函数保持一致。

　　A. 参数个数　　　B. 参数类型　　　C. 函数名称　　　D. 函数体

34. 下列关于虚基类的描述中,错误的是(　　　)。

　　A. 设置虚基类的目的是为了消除二义性

　　B. 虚基类的构造函数在非虚基类之类调用

　　C. 若同一层中包含多个虚基类,这些虚基类的构造函数按它们说明的次序调用

　　D. 若虚基类由非虚基类派生而来,则仍然先调用基类构造函数,再调用派生类的构造函数

35. 以下(　　　)成员函数表示纯虚函数。

　　A. virtual int vf(int)　　　　　　B. void vf(int)＝0

　　C. virtual void vf()＝0　　　　　D. virtual void vf(int){}

36. 关于虚函数的描述中,(　　　)是正确的。

　　A. 虚函数是一个静态成员函数

　　B. 虚函数是一个非成员函数

　　C. 虚函数既可以在函数说明时定义,也可以在函数实现时定义

　　D. 派生类的虚函数与基类中对应的虚函数具有相同的参数个数和类型

37. 下列关于动态联编的描述中,错误的是(　　　)。

　　A. 动态联编是以虚函数为基础

　　B. 动态联编是运行时确定所调用的函数代码的

C. 动态联编调用函数操作是指向对象的指针或对象引用

D. 动态联编是在编译时确定操作函数的

38. 下面 4 个选项中,(   )是用来声明虚函数的。

A. virtual　　　　B. public　　　　C. using　　　　D. false

39. 编译时的多态性可以通过使用(   )获得。

A. 虚函数和指针　　　　　　　　B. 重载函数和析构函数

C. 虚函数和对象　　　　　　　　D. 虚函数和引用

40. 关于纯虚函数和抽象类的描述中,错误的是(   )。

A. 纯虚函数是一种特殊的虚函数,它没有具体的实现

B. 抽象类是指具体纯虚函数的类

C. 一个基类中说明有纯虚函数,该基类派生类一定不再是抽象类

D. 抽象类只能作为基类来使用,其纯虚函数的实现由派生类给出

41. 下列描述中,(   )是抽象类的特征。

A. 可以说明虚函数　　　　　　　B. 可以进行构造函数重载

C. 可以定义友元函数　　　　　　D. 不能说明其对象

42. 如果一个类至少有一个纯虚函数,那么就称该类为(   )。

A. 抽象类　　　　B. 虚函数　　　　C. 派生类　　　　D. 以上都不对

43. 要实现动态联编,必须通过(   )调用虚函数。

A. 对象指针　　　B. 成员名限定　　C. 对象名　　　　D. 派生类名

44. C++ 语言建立类族是通过(   )。

A. 类的嵌套　　　B. 类的继承　　　C. 虚函数　　　　D. 抽象类

45. 对虚函数的调用(   )。

A. 一定使用动态联编　　　　　　B. 必须使用动态联编

C. 一定使用静态联编　　　　　　D. 不一定使用动态联编

46. 下列关于虚函数的说明中,正确的是(   )。

A. 从虚基类继承的函数都是虚函数　　B. 虚函数不能是静态成员函数

C. 只能通过指针或引用调用函数　　　D. 抽象类中的成员函数都是虚函数

47. 关于抽象类,下列表述中正确的是(   )。

A. 抽象类的成员函数中至少有一个是没有实现的函数(即无函数体定义的函数)

B. 派生类必须实现作为基类的抽象类中的纯虚函数

C. 派生类不可能成为抽象型

D. 抽象类不能用来定义对象

48. 下列描述错误的是(   )。

A. 在创建对象前,静态成员不存在

B. 静态成员是类的成员

C. 静态成员不能是虚函数

D. 静态成员函数不能直接访问非静态成员

49. 以下叙述正确的是(　　　)。

    A. 构造函数调用虚函数采用动态联编

    B. 构造函数可以说明为虚函数

    C. 当基类的析构函数是虚函数时,它的派生类的析构函数也是虚函数

    D. 析构函数调用虚函数采用动态联编

50. 下列关于纯虚函数的描述中,正确的是(　　　)。

    A. 纯虚函数是一种特殊的虚函数,它是一个空函数

    B. 具有纯虚函数的类称为虚基类

    C. 一个基类中说明有纯虚函数,其派生类一定要实现该纯虚函数

    D. 具有纯虚函数的类不能创建类对象

二、填空题

1. 通过C++语言中类的_____,可以扩充和完善已有类以适应新的需求。

2. 一个类可以从直接或间接的祖先中继承所有属性和方法。采用这个方法提高了软件的_____。

3. 所谓赋值兼容规则是指在公有派生情况下,一个_____类的对象可以作为_____类的对象来使用的地方。

4. 如果一个派生类只有一个唯一的基类,则这样的继承关系称为_____。

5. 对于派生类的构造函数,在定义对象时构造函数的执行顺序为:先执行调用_____的构造函数,再执行调用子对象类的构造函数,最后执行派生类的构造函数体中的内容。

6. 一个抽象类的派生类可以实例化的必要条件是实现了所有的_____。

7. 在派生类中实现基类成员的初始化,需要由派生类的构造函数调用_____来完成。

8. 为解决在多重继承环境中因公共基类所带来的_____问题,C++语言提供了虚基类机制。

9. C++提供的_____机制允许一个派生类继承多个基类,即使这些基类是互相无关的。

10. 带有_____的类称为抽象类,它只能作为_____来使用。

11. C++支持两种多态性:_____时的多态性和运行时的多态性。

12. 对虚函数使用对象指针或引用,系统使用_____联编;对虚函数使用对象调用时,系统使用_____联编。

13. 动态联编是通过基类类型的指针或引用调用_____函数来完成。

14. 为了实现多态性,派生类需重新定义基类中的_____。

15. 不同对象可以调用相同名称的函数,但可导致完全不同的行为的现象称为_____。

16. 类 A 有如下成员函数:

```
int A::fun(double x){return (int) x/2;}
```

int A::fun(int x){return x * 2;}

设 a 为类 A 的对象,在主函数中有 int s＝a. fun(6.0)＋a. fun(2),则执行该语句后,s 的值为_____。

三、程序阅读题

1. 写出下面程序的输出结果。

```
1    #include <iostream.h>
2    class B{
3    private:
4        int Y;
5    public:
6        B(int y=0) {Y=y; cout<<"B("<<y<<")\n";}
7        ~B() {cout<<"~B()\n";}
8        void print(){cout<<Y<<"_"; }
9    };
10   class D: public B{
11   private:
12       int Z;
13   public:
14       D (int y, int z):B(y){
15           Z=z;
16           cout<<"D("<<y<<","<<z<<")\n";
17       }
18       ~D() {cout<<"~D()\n"; }
19       void print() {
20           B::print();
21           cout <<Z<<endl;
22       }
23   };
24   void main(){
25       D d(11,22);
26       d.print();
27   }
```

2. 写出下面程序的输出结果。

```
1    #include <iostream.h>
2    class A{
3    public:
4        virtual void f(){cout<<"A::f()\n"; }
5    };
6    class B:public A{
7    private:
```

```
8        char * buf;
9    public:
10       B(int i){
11           buf=new char[i];
12       }
13       void f(){
14           cout<<"B::f()\n";
15       }
16       ~B() {delete[] buf;}
17   };
18   void main(){
19       A * a=new A;
20       a->f();
21       delete a;
22       a=new B(15);
23       a->f();
24   }
```

3. 写出下面程序的输出结果。

```
1    #include <iostream.h>
2    class B {
3    public:
4        virtual int f() { return 0; }
5    };
6    class D: public B {
7    public:
8        int f() { return 100; }
9    };
10   void main() {
11       D d;
12       B& b =d;
13       cout <<b.f() <<endl;
14       cout <<b.B::f() <<endl;
15   }
```

4. 写出下面程序的输出结果。

```
1    #include<iostream.h>
2    class A{
3    public:
4        virtual void func(){cout<< "func in class A"<<endl;}
5    };
6    class B{
7    public:
8        virtual void func(){cout<< "func in class B"<<endl;}
```

```
9    };
10   class C:public A, public B{
11   public:
12       void func(){cout<<"func in class C"<<endl;}
13   };
14   void main(){
15       C c;
16       A& pa=c;
17       B& pb=c;
18       C& pc=c;
19       pa.func();
20       pb.func();
21       pc.func();
22   }
```

5. 写出下面程序的输出结果。

```
1    #include <iostream.h>
2    class A{
3    public:
4        virtual void pr(){cout<<"1"<<endl;}
5    };
6    class B: public A{
7        void pr() {cout <<"2"<<endl;}
8    };
9    void p1 (A &a){
10       a.pr ();
11   }
12   void p2 (A a){
13       a.pr ();
14   }
15   void main (){
16       B b;
17       p1(b);
18       p2(b);
19   }
```

6. 写出下面程序的输出结果。

```
1    #include <iostream.h>
2    class test{
3    public:
4        virtual void fun1(){
5            cout <<"test fun1" <<endl;
6        }
7        virtual void fun2(){
```

```
8         cout <<"test fun2" <<endl;
9      }
10     void fun3(){
11         cout <<"test fun3" <<endl;
12     }
13   };
14   class ftt:public test{
15   public:
16     void fun1(){cout <<"ftt fun1"<<endl;}
17     virtual void fun2(){cout <<"ftt fun2"<<endl;}
18     virtual void fun3(){cout <<"ftt fun3"<<endl;}
19   };
20   void main(){
21     test  * pp;
22     ftt q;
23     pp =&q;
24     pp->fun1();
25     pp->fun2();
26     pp->fun3();
27   }
```

7. 写出下面程序的输出结果。

```
1    #include<iostream.h>
2    class A{
3        int a;
4    public:
5        A(int aa=0){a=aa;cout<<"a="<<a<<endl;}
6    };
7    class B{
8        int b;
9    public:
10       B(int bb=0){b=bb;cout<<"b="<<b<<endl;}
11   };
12   class C:public B{
13       A a;
14   public:
15       C(){cout<<"C default constructor"<<endl;}
16       C(int i,int j):a(i),B(j){cout<<"C constructor"<<endl;}
17   };
18   void main(){
19       C c1,c2(5,6);
20   }
```

8. 写出下面程序的输出结果。

```
1   #include<iostream.h>
2   class Date{
3       int Year,Month,Day;
4   public:
5       void SetDate(int y,int m,int d){Year=y;Month=m;Day=d;}
6       void PrintDate(){cout<<Year<<"/"<<Month<<"/"<<Day<<endl;}
7       Date(){SetDate(2000,1,1);}
8       Date(int y,int m,int d){SetDate(y,m,d);}
9   };
10  class Time{
11      int Houre,Minutes,Seconds;
12  public:
13      void SetTime(int h,int m,int s){Houre=h;Minutes=m;Seconds=s;}
14      void PrintTime(){cout<<Houre<<":"<<Minutes<<":"<<Seconds<<endl;}
15      Time(){SetTime(0,0,0);}
16      Time(int h,int m,int s){SetTime(h,m,s);}
17  };
18  class Date_Time:public Date,public Time{
19  public:
20      Date_Time():Date(),Time(){};
21      Date_Time(int y,int mo,int d,int h,int mi,int s):Date(y,mo,d),Time(h,mi,s){}
22      void PrintDate_Time(){PrintDate();PrintTime();}
23  };
24  void main(){
25      Date_Time dt_a,dt_b(2002,10,1,6,0,0);
26      dt_a.PrintDate_Time();
27      dt_b.SetTime(23,59,59);
28      dt_b.PrintDate_Time();
29      dt_a.SetDate(2002,12,31);
30      dt_a.PrintDate_Time();
31  }
```

9. 写出下面程序的输出结果。

```
1   #include <iostream.h>
2   class showNumType {
3   public:
4       void show (int);
5       void show (float);
6   };
7   void showNumType::show (int i){
8       cout <<"This is a integer"<<endl;
9   }
```

```
10   void showNumType::show (float f){
11      cout << "This is a float"<<endl;
12   }
13   void main (){
14      int a =0; float f=1.0f;
15      showNumType snt;
16      snt.show (a);
17      snt.show (f);
18   }
```

10. 写出下面程序的输出结果。

```
1    #include <iostream.h>
2    class aa {
3    public:
4        virtual int func () { return 0; }
5    };
6    class test: public aa {
7    public:
8        int func() { return 58; }
9    };
10   void main() {
11       test d;
12       aa& b=d;
13       cout <<b.func() <<endl;
14       cout <<b.aa::func() <<endl;
15   }
```

四、程序填空题

1. 在下面一段类定义中，Derived 类公有继承了基类 Base。需要填充的函数由注释内容给出了功能。

```
1    class Base{
2    private:
3        int mem1,mem2;                    //基类的数据成员
4    public:
5        Base(int m1,int m2) {
6            mem1=m1; mem2=m2;
7        }
8        void output(){cout<<mem1<< ' '<<mem2<< ' ';}
9        //...
10   };
11   class Derived: public Base{
12   private:
```

```
13        int mem3;                        //派生类本身的数据成员
14    public:
15        //构造函数,由 m1 和 m2 分别初始化 mem1 和 mem2,由 m3 初始化 mem3
16        Derived(int m1,int m2, int m3);
17        //输出 mem1,mem2 和 mem3 数据成员的值
18        void output(){
19            (1                    )
20            cout<<mem3<<endl;
21        }
22        //...
23    };
24    Derived::Derived(int m1,int m2, int m3): (2            ) {(3            ) }
```

2. 为使下列程序输出结果为:

A::f()

B::f()

C::f()

请在下划线处填上适当的字句,以使程序完整。

```
1    #include <iostream.h>
2    class A{
3    public:
4        (1                        ){cout<<"A::f()\n";}
5    };
6    class B:public A{
7    public:
8        void f() {cout<<"B::f()\n"; }
9    };
10   class C:public A{
11   public:
12       void f() {cout<<"C::f()\n"; }
13   };
14   void main() {
15       A a, (2                    );
16       B b;
17       C c;
18       p=&a;p->f();
19       p=&b;p->f();
20       p=&c;p->f();
21   }
```

3. 在下面程序的下划线处填上适当的字句,完成程序。

```
1    #include<iostream.h>
2    class A{
```

```
3    public:
4        (1_____) (int i){cout<<i<<endl;}
5        void g(){cout<<"g\n";}
6    };
7    class B:A{
8        public:void h(){cout<<"h\n";}
9            (2_____)
10   };
11   void main(){
12   B d1;
13   d1.f(6);
14   d1.h();
15   }
```

4. 在下划线处填写适当内容,以使类定义完整。

```
1    class base{
2    protected:
3        int a;
4    public:
5        base () {a=0;}
6        base (int i) {a=i;}
7        base (base&b) {a=b.a;}
8    };
9    class derived: public base {
10   private:
11       int d;
12   public:
13       derived () {d=0;}
14       derived (int i, int j): (1_____) {d=j;}
15       derived (derived &b): (2_____) {d=b.d;}
16   };
```

5. 在下面一段类定义中,Derived 类是由直接基类 Base1 和 Base2 所派生的,Derived 类包含有两个间接基类 BaseBase,在初始化函数 Init 中,需要把 x1 和 x2 的值分别赋给属于基类 Base1 的 x 成员和属于基类 Base2 的 x 成员。

```
1    #include<iostream.h>
2    class BaseBase {
3    protected:
4        int x;
5    public:
6        BaseBase(){ x =1;}
7    };
8    class Base1: public BaseBase {
9    public:
```

```
10      Base1(){}
11   };
12   class Base2: public BaseBase {
13   public:
14      Base2(){}
15   };
16   class Derived: (1_____) {
17   public:
18      Derived() {}
19      void Init(int x1,int x2){
20          (2_____);
21          (3_____);
22      }
23      void output() {cout<<Base1::x<<' '<<Base2::x<<endl;}
24   };
```

6. 下面程序中 A 是抽象类。请在下面程序的下划线处填上适当内容，以使程序完整，并使程序的输出为：

```
B1 called
B2 called
```

```
1    #include<iostream.h>
2    class A
3    {
4    public:
5        (1_____)
6    };
7    class B1:public A
8    {
9    public:
10       void display(){cout<<"B1 called"<<endl;}
11   };
12   class B2:public A
13   {
14   public:
15       void display(){cout<<"B2 called"<<endl;}
16   };
17   void show((2_____))
18   {
19       p->display();
20   }
21   void main()
22   {
23       B1 b1;
24       B2 b2;
```

```
25      A* p[2]={&b1,&b2};
26      for(int i=0;i<2;i++)
27          show(p[i]);
28  }
```

五、程序修改题

1. 下面的程序有一处错误，请用下划线标出错误所在行并给出修改意见。

```
1   #include <iostream.h>
2   class shape {
3   public:
4       int area () {return 0;}
5   };
6   class rectangle: public shape {
7   public:
8       int a, b;
9       void setLength (int x, int y) {a=x; b=y;}
10      int area () {return a*b; }
11  };
12  void main () {
13      rectangle r;
14      r. setLength (3,5);
15      shape * s=r;
16      cout<<r.area () <<endl;
17      cout<<s.area () <<endl;
18  }
```

2. 下面的程序有一处错误，请用下划线标出错误所在行并说明错误原因。

```
1   #include<iostream.h>
2   class A{
3       int x;
4   protected:
5       int y;
6   public:
7       A(int xx,int yy){x=xx; y=yy;}
8   };
9   class B:public A{
10  public:
11      B(int a,int b):A(a,b){}
12      void display(){cout<<x<<','<<y<<endl;}
13  };
14  void main(){
15      B b(5,10);
16      b.display();
```

```
17  }
```

3. 下面程序实现输出半径为 2.5 的圆面积,但输出结果是 0,找出原因并提出修改意见。

```
1   #include <iostream.h>
2   class point{
3   private:
4       float x,y;
5   public:
6       float area(){return 0.0;}
7   };
8   const float pi=3.14159f;
9   class circle:public point{
10  private:
11      float radius;
12  public:
13      void setRadius(float r){radius=r;}
14      float area(){return pi*radius*radius;}
15  };
16  void main(){
17      point *p;
18      circle c;
19      c.setRadius(2.5);
20      p=&c;
21      cout<<"The area of circle is"<<p->area()<<endl;
22  }
```

4. 指出下面程序中的错误,并说明错误原因。

```
1   #include<iostream.h>
2   class A{
3       public:void fun(){cout<<"a.fun"<<endl;}
4     };
5   class B{
6       public:void fun(){cout<<"b.fun"<<endl;}
7             void gun(){cout<<"b.gun"<<endl;}
8   };
9   class C:public A,public B{
10      private:int b;
11      public:void gun(){cout <<"c.gun"<<endl;}
12  };
13  void main(){
14      C obj;
15      obj.fun();
16      obj.gun();
```

```
17   }
```

5. 下面程序中有一处错误,请用下划线标出错误所在行并说明出错原因。

```
1   class Base{
2   public:   virtual void fun()=0;
3   };
4   class Test: public Base{
5   public: virtual void fun(){cout<<"Test.fun="<<endl;}
6   };
7   void main() {
8   Base a;
9   Test * p;   p=&a;
10  }
```

六、程序设计题

1. 下列 shape 类是一个表示形状的抽象类,area()为求图形面积的函数,total()则是一个通用的用以求不同形状的图形面积总和的函数。请从 shape 类派生三角形类(triangle)、矩形类(rectangle),并给出具体的求面积函数。给出 shape,total 的定义如下所示。

```
1   class shape{
2   public:
3       virtual float area()=0;
4   };
5   float total(shape * s[],int n){
6       float sum=0.0;
7       for(int i=0;i<n;i++)
8           sum+=s[i]->area();
9       return sum;
10  }
```

2. 定义一个动物类 Animal,再由此派生出哺乳动物类 Mammal,再派生出 Cat 类,定义 Cat 类的对象,观察基类和派生类的构造函数和析构函数的调用顺序。

3. 定义一个抽象类 Person,由此派生出学生类 Student 和教师类 Teacher,二者都有打印人员信息的函数 Print()。

4. 编写程序定义一个基类,在其中声明虚析构函数,然后定义其一个派生类,在主函数中将一个动态分配的派生类对象地址赋给基类指针,然后通过基类指针释放对象空间。观察程序的运行情况。

第11章

运算符重载

一、选择题

1. 关于运算符重载,下列表述中正确的是( )。
   A. C++ 已有的任何运算符都可以重载
   B. 运算符函数的返回类型不能声明为基本数据类型
   C. 在类型转换函数的定义中不需要声明返回类型
   D. 可以通过运算符重载来创建C++ 中原来没有的运算符

2. 下列有关运算符重载的描述中,正确的是( )。
   A. 运算符重载可改变其优先级
   B. 运算符重载不改变其语法结构
   C. 运算符重载可改变其结合性
   D. 运算符重载可改变其操作数的个数

3. 下列关于运算符重载的描述中,正确的是( )。
   A. 运算符重载可以改变操作数的个数
   B. 运算符重载可以改变操作数的优先级
   C. 运算符重载可以改变运算符的结合性
   D. 运算符重载可以使运算符实现特殊功能

4. 在重载一个运算符时,其参数表中没有任何参数,这表明该运算符是( )。
   A. 作为友元函数重载的一元运算符
   B. 作为成员函数重载的一元运算符
   C. 作为友元函数重载的二元运算符
   D. 作为成员函数重载的二元运算符

5. 重载输入流运算符<<必须使用的原型为( )。
   A. ostream& operator>>(ostream&,<类名>);
   B. istream& operator>>(istream,<类名>&);
   C. ostream& operator>>(ostream,<类名>&);
   D. <类名> operator>>(istream&,<类名>&);

6. 在下面的运算符重载函数的原型中,错误的是( )。
   A. volume operator-(double,double);

    B. double volume：：operator-(double);

    C. volume volume ：：operator-(volume);

    D. volume operator-(volume,volume);

7. 下列运算符中,(　　)运算符在C++中不能重载。

    A. ?:　　　　　　　B. []　　　　　　　C. new　　　　　　D. &&

8. 在一个类中可以对一个操作符进行(　　)重载。

    A. 1种　　　　　B. 12 种以下　　　C. 32 种以下　　　D. 多种

9. 重载赋值操作符时,应声明为(　　)函数。

    A. 友元　　　　　　B. 虚　　　　　　C. 成员　　　　　D. 多态

10. 下面运算符中,不能被重载的运算符是(　　)。

    A. <=　　　　　　　B. -　　　　　　　C. ::　　　　　　D. ()

11. 如果表达式++a中的"++"是作为成员函数重载的运算符,若采用运算符函数调用格式,则可表示为(　　)。

    A. a.operator++(1)　　　　　　　　B. operator++(a)

    C. operator++(a,1)　　　　　　　　D. a.operator++()

12. 如果表达式++i * k 中的"++"和"*"都是重载的友元运算符,则采用运算符函数调用格式,该表达式还可表示为(　　)。

    A. operator * (i.operator++(),k)　　B. operator * (operator++(i),k)

    C. i.operator++().operator * (k)　　D. k.operator * (operator++(i))

13. (　　)既可以重载为一元运算符,又可重载为二元运算符。

    A. " * "　　　　　　　　　　　　　B. "="

    C. "="和" * "　　　　　　　　　　D. " * "和" * ++"

14. 友元运算 obj1>obj2 被C++ 编译器解释为(　　)。

    A. operator>(obj1,obj2)　　　　　　B. >(obj1,obj2)

    C. obj2.operator>(obj1)　　　　　　D. obj1.operator>(obj2)

15. 下列是重载乘法运算符的函数原型声明,其中错误的是(　　)。

    A. MyClass operator * (double,double);

    B. MyClass operator * (double,MyClass);

    C. MyClass operator * (MyClass,double);

    D. MyClass operator * (MyClass, MyClass);

16. 下列运算符不能重载为友元函数的是(　　)。

    A. = () [] ->　　　　　　　　　　B. + - ++ --

    C. > < >= <=　　　　　　　　　　D. += -= * = /=

二、填空题

1. 重载的运算符仍然保持其原来的操作数个数、优先级和_____不变。

2. C++ 在重载运算中,如用成员函数重载一元运算符,参数表中需要_____个参数;如用友元函数重载一元运算符,参数表中需要_____个参数。

3. 如果表达式 x＝y＊z 中的"＊"被作为成员函数重载的运算符,采用运算符函数调用格式,该表达式还可以表示为_____。

4. 要在类的对象上使用运算符,除了运算符_____和_____以外,其他的运算符都必须被重载。

5. 表达式 c3＝c1.operator＋(c2)或 c3＝operator＋(c1,c2)还可以表示为_____。

6. 重载函数在参数类型或参数个数上不同,但_____相同。

7. 对已有的运算符赋予多重含义,使同一运算符作用于不同类型的数据,称为_____,它的实质就是_____。

8. 重载的关系运算符和逻辑运算符的返回类型应当是_____。

9. 重载的流运算符函数经常定义为类的_____函数。

10. 表达式 x.operator＋(y.operator＋＋(0))还可以写成_____。

三、程序阅读题

1. 读程序写运算结果。

```
1   #include<iomanip.h>
2   class FUN{
3       friend ostream& operator << (ostream&,FUN);
4   }fun;
5   ostream& operator<< (ostream& os,FUN f){
6       os.setf(ios::left);
7       return os;
8   }
9   void main(){
10      cout<<setfill('＊')<<setw(10)<<12345<<endl;
11      cout<<fun<<setw(10)<<54321<<endl;
12  }
```

2. 读程序写运行结果。

```
1   #include <iostream.h>
2   class complex {
3   int real;
4   int imag;
5   public:
6   complex(int r=0,int i=0): real(r),imag(i){}
7   complex operator++(){ real++; return ＊this;}
8   void show(){ cout<<real <<endl <<imag; }
9   };
10  void main() {
11  complex c(5,9);
12  ++c;
13  c.show();
```

```
14    }
```

3. 给出下面程序的输出结果。

```
1    #include <iostream.h>
2    template <class T>
3    class Sample{
4        T n;
5    public:
6        Sample(T i){n=i;}
7        int operator==(Sample &);
8    };
9    template <class T>
10   int Sample<T>::operator==(Sample& s){
11       if(n==s.n)
12           return 1;
13       else
14           return 0;
15   }
16   void main(){
17       Sample<int>s1(2),s2(3);
18       cout<<"s1与s2的数据成员"<<(s1==s2?"相等":"不相等")<<endl;
19       Sample<double>s3(2.5),s4(2.5);
20       cout<<"s3与s4的数据成员"<<(s3==s4?"相等":"不相等")<<endl;
21   }
```

四、程序填空题

1. 下面是一维数组类 ARRAY 的定义。ARRAY 与普通一维数组的区别是：(1)用
()而不是[]进行下标访问；(2)下标从 1 而不是从 0 开始；(3)要对下标是否越界进行检
查。请填空将程序补充完整。

```
1    #include <iostream.h>
2    class ARRAY{
3        int * v;             //指向存放数组数据的空间
4        int s;               //数组大小
5    public:
6        ARRAY(int a[], int n);
7        ~ARRAY(){delete [] v;}
8        int size(){ return s;}
9        int& operator()(int n);
10   };
11   (1_____)operator()(int n){          // ()的运算符函数定义
12       if((2_____)) {cerr<<"下标越界!";//exit(1);}
                                                    //exit函数的功能是退出程序运行
```

```
13        (3_____);
14      }
15  }
```

2. 在下列程序的下划线处填上适当的字句,使输出为 0,7,5。

```
1   #include <iostream.h>
2   #include <math.h>
3   class Magic{
4       double x;
5   public:
6       (1_____) (double d=0.00):x(fabs(d)){}
7       Magic operator+ (Magic c){return Magic(sqrt(x*x+c.x*c.x));}
8       friend ostream & operator<< (ostream & os,Magic c){return os<<c.x;}
9   };
10  void main(){
11  (2_____);
12      cout<<ma<<','<<Magic(-7)<<','<<ma+Magic(3)+Magic(4);
13  }
```

3. 定义一个日期的类来实现重载操作符的测试,在下面程序的下划线处填上适当的字句,完成类中成员函数的定义。

```
1   #include <iostream.h>
2   class ClassDate{
3   private:
4       int year;
5       int month;
6       int day;
7   public:
8       ClassDate(int y=0,int d=0,int m=0){year=y,month=m,day=d;}
9       int getyear(){return year;}
10      int getmonth(){return month;}
11      int getday(){return day;}
12      (1_____) (iostream &s,ClassDate &a)
13      { int y,m,d;
14      cout<<"请输入日期: (yyyy-mm-dd)";
15      s>>y>>m>>d;
16      while(y>9999||m>-1||m<-12||d>-1||d<-31){
17          cout<<"输入格式有错,请重新输入日期:(yyyy-mm-dd)";
18          s>>y>>m>>d;
19      }
20      a.year=y;
21      a.month=-m;
22      a.day=-d;
23      return s;
```

```
24        }
25    (2_____) (iostream & s,ClassDate &a){    //输出日期
26       s<<"现在的日期是:";
27       s<<a.getyear()<<'-';
28       s<<a.getmonth()<<"-"<<a.getday()<<endl;
29       return s;
30    }
31    };
```

4. 在下面程序的下划线处填上合适的字句,使程序的最终结果为200。

```
1    #include <iostream.h>
2    #include <iostream.h>
3    class number{
4    private:
5            int val;
6    public:
7        number(int i){val=i;}
8        (1_____)int();
9        };
10   number::operator int(){(2_____)}
11
12
13   class num:public number{
14   public:
15     num(int i):number(i){   }
16     };
17   void main()
18   {
19   num n(100);
20   int i=n;
21   cout<<i+n<<endl;
22   }
```

5. 在下面程序的下划线处填上适当的字句,完成类成员函数的定义。

```
1    #include <iostream.h>
2    class Complex {
3    private:
4    float real, imag;
5    public:
6    Complex(float r=0, float i=0 ) { real=r; imag=i;}
7    void Display(){
8    cout <<real;
9    if (imag>0) cout<<"+"<<imag<<"i" ;
10   else if (imag<0) cout<<imag<<"i" ;
```

```
11  cout << endl;
12  }
13  Complex operator+ (Complex &b );
14  Complex operator= (Complex c2);        //复数赋值运算符
15  friend Complex operator- ( Complex &a, Complex &b );
16  };
17  Complex Complex::operator+ (Complex &b)
18  {
19  Complex * t = new Complex ((1_____));
20  return * t;
21  }
22  Complex Complex:: operator = (Complex c2)
23  {
24  real=c2.real;
25  image = c2.image;
26  return ((2_____));
27  }
28  Complex operator- ( Complex &a, Complex &b )
29  {
30  Complex * t = new Complex ((3_____));
31  return * t;
32  }
33  void main ()
34  {
35  Complex c1(4.0,5.0),c2(2.0,-5.0),c3;
36  c3=c1+c2;
37  c3.Display();
38  c3=c1-c2;
39  c3.Display();
40  }
```

6. 在下面程序的下划线处填上适当的字句,使类定义完整。

```
1   #include<iostream.h>
2   #include<iomanip.h>
3   class ArrayFloat
4   {
5   protected:
6       float * pA;
7       int size;                        //数组大小 (元素个数)
8   public:
9       ArrayFloat(int sz=10){
10          size=sz;
11          pA=new float[size];
12      }
```

```
13      ~ArrayFloat(void){
14        (1_____);          //释放动态内存
15      }
16  int GetSize(void) const
17  {   return size;
18  }
19  float& operator [](int i)          //重载数组元素操作符"[]"
20  {   return pA[i];
21  }
22  void Print();
23  };
24  void ArrayFloat::Print()
25  {   int i;
26  for(i=0; i< (2_____); i++)
27  {
28  if (i%10==0)
29        cout <<endl;
30  cout<<setw(6)<<pA[i];
31  }
32  cout<<endl;
33  }
34  void main()
35  {   ArrayFloat a(20);
36  for (int i=0; i<a.GetSize(); i++)
37        a[i]=(float)i* 2;
38  a.Print();
39  }
```

五、程序设计题

1. 编写点类 Point,并重载＋＋,－－运算符。

2. 编写一个计数器类 CounterClass,重载＋运算符。

3. 定义一个时间类 TimeClass,重载＋、－、＋＋、－－、＝、＞＞、＜＜以及关系运算等运算符。

第 12 章

异常处理

一、选择题

1. 下列关于异常的叙述错误的是(　　)。

   A. 编译错属于异常,可以抛出

   B. 运行错属于异常

   C. 硬件故障也可当异常抛出

   D. 只要编程者认为是异常的都可当异常抛出

2. 下列叙述错误的是(　　)。

   A. throw 的操作数表示异常类型

   B. throw 的操作数值可以区别不同的异常

   C. throw 抛出不同异常时需要用不同的操作数类型来区分

   D. throw 语句抛出的异常可以不被捕获

3. 关于函数声明 float f() throw(),下列叙述正确的是(　　)。

   A. 表明函数抛出 float 类型异常　　　　B. 表明函数抛出任何类型异常

   C. 表明函数不抛出任何类型异常　　　　D. 表明函数实际抛出的异常

4. 下列叙述错误的是(　　)。

   A. catch(…)语句可捕获所有类型的异常

   B. 一个 try 语句可以有多个 catch 语句

   C. catch(…)语句可以放在 catch 语句组的前面

   D. 程序中 try 语句与 catch 语句是一个整体,缺一不可

5. 下列程序的运行结果为(　　)。

```
1    #include<iostream.h>
2    class A{
3    public:
4        ~A(){cout<<"A"<<"\n";    }
5    };
6    char fun0() {
7        A A1;
8        throw('E');
9        return  '0';
```

```
10    }
11    void main(){
12    try{
13           cout<<fun0()<<"\n";}
14       catch(char c)    {
15           cout<<c<<"\n";}
16    }
```

A. A✓✓   B. O✓   C. O✓   D. E✓
   E✓   A✓   E✓
                       E✓

二、填空题

1. C++程序将可能发生异常的程序块放在_____中,紧跟其后可放置若干个对应的_____,在前面所说的块中或块所调用的函数中应该有对应的_____,由它在不正常时抛出异常,如与某一条_____类型相匹配,则执行该语句。该语句执行完之后,如未退出程序,则执行_____。如没有匹配的语句,则交给C++标准库中的_____处理。

2. throw 表达式的行为有些像函数的_____,而 catch 子句则有些像函数的_____。函数的调用和异常处理的主要区别在于:建立函数调用所需的信息在_____时已经获得,而异常处理机制要求_____时的支撑。对于函数,编译器知道在哪个调用点上函数被真正调用;而对于异常处理,异常是_____发生的,并沿_____查找异常处理子句,这与运行时的多态是_____。

三、程序阅读题

1. 写出程序运行结果。

```
1   #include <iostream >
2     using namespace std;
3   int a[10]={1,2, 3, 4, 5, 6, 7, 8, 9, 10};
4     int fun( int i);
5    void main()
6     {int i ,s=0;
7     for( i=0;i<=10;i++)
8     { try
9     { s=s+fun(i);}
10    catch(int)
11      {cout<< "数组下标越界!"<<endl;}
12    }
13    cout<< "s="<<s<<endl;
14    }
15  int fun( int i)
```

```
16    {if(i>=10)
17      throw i;
18      return a[i];
19    }
```

2. 写出程序运行结果。

```
1   #include <iostream>
2    using namespace std;
3    void f();
4    class T
5    {public:
6       T( )
7       {cout<<"constructor"<<endl;
8         try
9        {throw  "exception";}
10      catch( char * )
11        {cout<<"exception"<<endl;}
12       throw  "exception";
13       }
14       ~T( ) {cout<<"destructor";}
15    };
16  void main()
17  {cout<<"main function"<<endl;
18    try{ f( ); }
19    catch( char * )
20       { cout<<"exception2"<<endl;}
21    cout<<"main function"<<endl;
22  }
23  void f( )
24  {  T t;  }
```

四、程序设计题

1. 设计一个程序,在某种条件下抛出各种类型异常(如整数、字符串、类对象、引用等),再捕捉这些异常,并进行相关处理,保证程序不被中断,让它继续执行。

2. 以 String 类为例,在 String 类的构造函数中使用 new 分配内存。如果操作不成功,则用 try 语句触发一个 char 类型异常,用 catch 语句捕获该异常。同时将异常处理机制与其他处理方式对内存分配失败这一异常进行处理对比,体会异常处理机制的优点。

3. 在第 2 题的基础上,重载数组下标操作符[],使之具有判断与处理下标越界功能。

4. 定义一个异常类 Cexception,有成员函数 reason(),用来显示异常的类型。定义一个函数 fun1()触发异常,在主函数 try 模块中调用 fun1(),在 catch 模块中捕获异常,观察程序执行流程。

第13章

命名空间

一、选择题

1. 下面关于命名空间的说法,错误的是(　　)。

　　A. 命名空间的引入让程序员可以在不同的模块中使用相同名字表示不同事物

　　B. 一个命名空间中可以集合很多不同的标识符

　　C. 一个命名空间中的标识符命名作用域相同

　　D. 一个命名空间对应多个命名作用域

2. 要说明标识符是属于哪个命名空间时,需要在标识符和命名空间名字之间加上(　　)。

　　A. ::　　　　　　B. ->　　　　　　C. .　　　　　　D. ()

3. 下面关于 namespace 与 class、struct、union、enum 的区别描述正确的是(　　)。

　　(1) namespace 只能在全局范畴定义,但它们之间可以互相嵌套

　　(2) 在 namespace 定义的末尾,右大括号的后面不必跟一个分号

　　(3) 一个 namespace 可以在多个头文件中定义,就好像重复定义一个类一样。多个定义中的函数或者类型合在一起构成整个 namespace

　　(4) 一个 namespace 可以用另一个名字来作为别名

　　(5) 不能像类那样创建一个 namespace 的实例

　　A. (2)(4)　　　　　　　　　　B. (1)(2)(3)

　　C. (2)(3)(4)(5)　　　　　　　D. 全部

二、填空题

1. 在声明标识符时未指定命名空间,则标识符默认属于_____。

2. 引用命名空间 NS 中的标识符 Temp 的方式是_____。

3. 借助于_____方法可以将一个命名空间分为多个。

4. 如果命名空间名称非常长,且在代码中使用多次,但不希望该命名空间的名称包含在 using 指令中(例如避免类名冲突),就可以给该命名空间指定一个_____,其使用语法是_____。

5. 引入一个命名空间的方法有_____和_____。

6. 在新的C++标准程序库中,所有标识符都声明在命名空间_____中,头文件不

再使用扩展名。

7. 为防止同一个库文件中某个部分的名字与其他部分的名字冲突，可引入嵌套命名空间。下面程序段中 GDI 命名空间的全名的写法为_____。

```
namespace Windows              //定义一个命名空间 Windows
{
...
    namespace GDI              //定义一个嵌套的命名空间
    {
    ...
    }
}
```

8. using 命名的作用域从其出现开始直到 using 命令作用域的结束。如果将 using 命名放置在复合语句中，using 命令的作用域在_____结束。

9. 如果在函数中定义的局部变量与命名空间中的变量同名，_____被隐藏。

10. 如果程序中使用了 using 命令，同时引用了多个命名空间，并且命名空间中存在相同的函数，将出现_____。

第14章

标 准 库

一、选择题

1. 下列关于C++流的说明中,正确的是(　　)。

　　A. 与键盘、屏幕、打印机和通信端口的交互都可以通过流类来实现

　　B. 从流中获取数据的操作称为插入操作,向流中添加数据的操作称为提取操作

　　C. cin 是一个预定义的输入流类

　　D. 输出流有一个名为 open 的成员函数,其作用是生成一个新的流对象

2. 在C++中使用流进行输入输出,其中用于屏幕输出的对象是(　　)。

　　A. cerr　　　　　　B. cin　　　　　　C. cout　　　　　　D. cfile

3. cout、cerr、clog 是(　　)的对象,cout 处理标准输出,cerr 和 clog 都处理标准出错信息。

　　A. istream　　　　B. ostream　　　　C. cerr　　　　　D. clog

4. 在下面格式化命令的解释中,错误的是(　　)。

　　A. ios∷skipws　　跳过输入中的空白字符

　　B. ios∷fill()　　获得当前的填充字符

　　C. ios∷hex　　转换基数为八进制形式

　　D. ios∷precision　　返回当前的精度

5. 在C++中打开一个文件就是将整个文件与一个(　　)建立关联,关闭一个文件就是取消这种关联。

　　A. 类　　　　　　B. 流　　　　　　C. 对象　　　　　D. 结构

6. 在进行完任何C++流的操作后,都可以用C++流的有关成员函数检测流的状态。其中只能用于检测输入流状态的操作函数名称是(　　)。

　　A. fail　　　　　　B. eof　　　　　　C. bad　　　　　D. good

7. 关于 getline 函数的下列叙述中,错误的是(　　)。

　　A. 该函数可以用来从键盘上读取字符

　　B. 该函数读取的字符串长度是受限的

　　C. 该函数读取字符串时,遇到终止符时便停止

　　D. 该函数使用的终止符只能是换行符

8. 下列打开文件的表达式中,错误的是(　　)。

    A. ofstream ofile;ofile. open("C:\\vc\\abc. txt",ios::binary);

    B. fstream iofile;iofile. open("abc. txt",ios::ate);

    C. ifstream ifile ("C:\\vc\\abc. txt");

    D. cout. open("C:\\vc\\abc. txt",ios::binary);

9. 使用 fstream 流类定义流对象并打开磁盘文件时,文件的隐含打开方式为(　　)。

    A. ios:in   B. ios:out   C. ios:inlios:out   D. 没有默认

10. 以下关于文件操作的叙述中,不正确的是(　　)。

    A. 打开文件的目的是使文件对象与磁盘文件建立联系

    B. 文件读写过程中,程序将直接与磁盘文件进行数据交换

    C. 关闭文件的目的之一是保证将输出的数据写入硬盘文件

    D. 关闭文件的目的之一是释放内存中的文件对象

11. 关于 read 函数的下列描述中,正确的是(　　)。

    A. 函数只能从键盘输入中获取字符串

    B. 函数所获取的字符多少是不受限制的

    C. 该函数只能用于文本文件的操作中

    D. 该函数只能按规定读取所指定的字符数

12. 语句 ofstream f("SALARY. DAT",ios::noreplace | ios::binary);的功能是建立流对象 f,并试图打开文件 SALARY. DAT 并与之连接,而且(　　)。

    A. 若文件存在,将文件指针定位于文件尾;若文件不存在,建立一个新文件

    B. 若文件存在,将其截为空文件;若文件不存在,打开失败

    C. 若文件存在,将文件指针定位于文件首;若文件不存在,建立一个新文件

    D. 若文件存在,打开失败;若文件不存在,建立一个新文件

13. 执行语句序列 ofstream outf("SALARY. DAT");,if(…)cout<<"成功";,else cout<<"失败";后,如文件打开成功,显示"成功",否则显示"失败"。由此可知,上面 if 语句的条件表达式是(　　)。

    A. !outf 或者 outf. fail()   B. !outf 或者 outf. good()

    C. outf 或者 outf. fail()   D. outf 或者 outf. good()

14. 语句 ofstream f("SALARY. DAT",ios::nocreate | ios::trunc);的功能是建立流对象 f,并试图打开文件 SALARY. DAT 并与之连接,而且(　　)。

    A. 若文件存在,将文件指针定位于文件尾;若文件不存在,建立一个新文件

    B. 若文件存在,将其截为空文件;若文件不存在,打开失败

    C. 若文件存在,将文件指针定位于文件首;若文件不存在,建立一个新文件

    D. 若文件存在,打开失败;若文件不存在,建立一个新文件

15. 语句 ofstream f("SALARY. DAT",ios_base::app);的功能是建立流对象 f,并试图打开文件 SALARY. DAT 并与之连接,而且(　　)。

    A. 若文件存在,将其置为空文件;若文件不存在,打开失败

    B. 若文件存在,将文件指针定位于文件尾;若文件不存在,建立一个新文件

    C. 若文件存在,将文件指针定位于文件首;若文件不存在,打开实现

    D. 若文件存在,打开失败;若文件不存在,建立一个新文件

二、填空题

1. C++中 ostream 类的直接基类是_____。

2. 类 istream 的成员函数 get 从指定流中读取一个字符,成员函数_____和 read 从指定流中读取多个字符。

3. 表达式 cout<<hex 还可表示为_____。

4. 下面语句序列的功能可用一个语句实现,这个语句是_____。

```
ifstream datafile;
datafile.open("data.dat");
```

5. 在C++中要创建一个文件输入流对象 fin,同时该对象打开文件 Test.txt 用于输入,则正确的声明语句是_____。

6. 头文件_____中包含了处理用户控制的文件操作所需的信息。

7. 要把一个文件输出流对象 myFile 与文件 f:\myText.txt 相关联,所用的C++语句是_____。

8. 在使用 string 类的 find 成员函数检索主串中是否含有指定的子串时,若在主串中不含指定的子串,find 函数的返回值是_____。

三、程序填空题

1. 请在下划线处填上适当的内容,使程序的输出为:

```
7.00000
7
```

程序如下:

```
1   # include <iostream>
2   # include <iomanip>
3   using namespace std;
4   int main(){
5        double x=7;
6        cout<< (1_____)<<x;
7        cout<<endl<< (2_____)<<x;
8        return 0;
9   }
```

2. 下面的程序把一个整数文件中的数据乘以 10 后写到另一个文件中,请将程序补充完整。

```
1   # include<iostream.h>
2   # include<fstream.h>
```

```
3    #include<stdlib.h>
4    #include<string.h>
5    int main((1_____)){
6        if(argc!=3){
7            cerr<<"Error:usage:program file1 file2<CR>"<<endl;
8            exit(1);
9            ifstream input(argv[1]);
10           if(!input){
11               cerr<<"Can't open file"<<argv[1]<<endl;
12               exit(1);
13           }
14           (2_____)
15               if(!output){
16               cerr<<"Can't open file"<<argv[2]<<endl;
17               exit(1);
18           }
19           int number;
20           while(input>>number)
21               (3_____)
22           input.close();
23           output.close();
24           return(0);
25       }
26   }
```

3. 下面的程序先把字符串"Look out!"输入到一个文件中,然后再从该文件输出,并显示在屏幕上,显示效果为 Look out!。请将程序补充完整。

```
1    #include<fstream.h>
2    void main(){
3        ofstream outf("D:\\tem.dat",ios::trunc);
4        outf<<"Look out!";
5        outf.close();
6        ifstream inf("D:\\tem.dat");
7        char k[20];
8        (1_____);
9        cout<<k;
10       inf.close();
11   }
12
```

四、程序设计题

1. 编写程序提示用户输入一个十进制数,分别用二进制、八进制、十进制以及十六进制形式输出。

2. 编写程序输出杨辉三角。

3. 编写程序实现文件加密：打开指定的文本文件，使用加密算法将文件中原有内容换为加密后的密文内容。

提示：设计一个简单的加密算法，如（明文）ASCII 码＝（密文）ASCII 码，实现文件读写操作。

第15章

算　法

一、选择题

1. 对于算法的每一步,指令必须是可执行的。算法的(　　)要求算法在有限步骤之后能够达到预期的目的。

    A. 可行性　　　　　B. 有穷性　　　　　C. 正确性　　　　　D. 确定性

2. 算法分析的目的是(　　)。

    A. 找出数据结构的合理性　　　　　B. 找出算法中输入和输出之间的关系

    C. 分析算法的易懂性和可靠性　　　D. 分析算法的效率以求改进

3. 算法分析的两个主要方面是(　　)。

    A. 空间复杂性和时间复杂性　　　　B. 正确性和简明性

    C. 可读性和文档性　　　　　　　　D. 数据复杂性和程序复杂性

4. 下列叙述中正确的是(　　)。

    A. 一个算法的空间复杂度大,则其时间复杂度也必定大

    B. 一个算法的空间复杂度大,则其时间复杂度必定小

    C. 一个算法的时间复杂度大,则其空间复杂度必定小

    D. 上述三种说法都不对

5. 下列关于算法的叙述,错误的是(　　)。

    A. 算法是为解决一个特定的问题而采取的特定的有限步骤

    B. 算法是用于求解某个特定问题的一些指令的集合

    C. 算法是从计算机的操作角度对解题过程的抽象,是程序的核心

    D. 算法是从如何组织处理操作对象的角度进行抽象

6. 下面叙述正确的是(　　)。

    A. 算法的执行效率与数据的存储结构无关

    B. 算法的空间复杂度是指算法程序中指令(或语句)的条数

    C. 算法的有穷性是指算法必须能在执行有限个步骤之后终止

    D. 以上三种描述都不对

7. 算法的空间复杂度是指(　　)。

    A. 算法程序的长度　　　　　　　　B. 算法程序中的指令条数

    C. 算法程序所占的存储空间　　　　D. 算法执行过程中所需要的存储空间

8. 算法是一种(　　)。

　　A. 加工方法　　　　　　　　　　B. 解题方案的准确而完整的描述

　　C. 排序方法　　　　　　　　　　D. 查询方法

9. 算法具有 5 个特性,以下特性中不属于算法特性的是(　　)。

　　A. 有穷性　　　　B. 简洁性　　　　C. 确定性　　　　D. 输入输出性

10. 以下叙述中错误的是(　　)。

　　A. 算法正确的程序最终一定会结束

　　B. 算法正确的程序可以有 0 个输出

　　C. 算法正确的程序可以有 0 个输入

　　D. 算法正确的程序对于相同的输入一定有相同的结果

11. 下面说法错误的是(　　)。

(1) 算法原地工作的含义是指不需要任何额外的辅助空间

(2) 在相同的规模 n 下,复杂度 $O(n)$ 的算法在时间上总是优于复杂度 $O(2n)$ 的算法

(3) 所谓时间复杂度是指最坏情况下,估算算法执行时间的一个上界

(4) 同一个算法,实现语言的级别越高,执行效率越低

　　A. (1)　　　　B. (1)(2)　　　　C. (1)(4)　　　　D. (3)

12. 一个递归算法必须包括(　　)。

　　A. 递归部分　　　　　　　　　　B. 终止条件和递归部分

　　C. 迭代部分　　　　　　　　　　D. 终止条件和迭代部分

13. 下列程序段的时间复杂度为(　　)。

```
x=n;
y=0;
while (x>=(y+1)*(y+1))
    y=y+1;
```

　　A. $O(n)$　　　　B. $O(n1/2)$　　　　C. $O(1)$　　　　D. $O(n^2)$

二、填空题

1. 计算机技术中,为解决一个特定问题而采取的特定的有限步骤称为_____。

2. 算法运行过程中所耗费的时间称为算法的_____。直接或间接地调用自身的算法称为_____。

3. 在算法的 5 个特性中,算法必须能在执行有限个步骤之后终止,指的是算法的_____性。

4. 数据结构是程序加工对象,而_____是程序的灵魂。

5. 计算机算法可分为_____和_____两大类别。

6. 计算机算法可以用_____、_____和_____等方法表示。

7. 算法的可行性是指每一条_____。

8. _____是评价一个算法的首要条件。

9. 最简单的交换排序方法是_____。

三、简答题

1. 递归算法比非递归算法花费更多的时间,对吗? 为什么?

2. 将两个长度为 n 的有序表归并为一个长度为 $2n$ 的有序表,最少需要比较 n 次,最多需要比较 $2n-1$ 次,请说明这两种情况发生时,两个被归并的表有何特征?

3. 用自然语言描述求解下面问题的步骤。

(1) 求 $ax^2+bx+c=0$ 的根(要全面考虑实根和虚根的情形)。

(2) 已知三角形的三边长为 a、b、c,求该三角形面积。

(3) 求解 π 的值。

(4) 有一函数如下,输入 x,输出 y 值。

$$y=\begin{cases} x & (x<1) \\ 2x-11 & (1\leqslant x<10) \\ 3x-11 & (x\geqslant 10) \end{cases}$$

(5) 求两个正整数 m 和 n 的最大公约数和最小公倍数。

四、程序设计题

1. 一个数如果恰好等于它的因子之和,这个数被称为"完数"。例如 $6=1+2+3$ 是"完数"。编程找出 1000 以内所有的完数。

2. 打印魔法方阵。注:魔法方阵是指每一行、每一列及对角线之和均相等。

3. 谁家孩子跑最慢。一天,三家的 9 个孩子在一起比赛短跑,规定不分年龄大小,跑第一得 9 分,跑第二得 8 分,依此类推。比赛结果各家的总分相同,且这些孩子没有同时到达终点的,也没有一家的两个或三个孩子获得相连的名次。已知获第一名的是李家的孩子,获得第二名的是王家的孩子。编程找出谁家孩子跑得最慢。

4. 有乘法算式如下:

```
        ○○○
    ×    ○○
    ———————
       ○○○○
      ○○○○
    ———————
      ○○○○○
```

18 个○的位置上全部是素数(1、3、5 或 7),编程还原此算式。

5. 求 9 位累进可除数。所谓 9 位累进可除数就是这样一个数:这个数由 $1\sim9$ 这 9 个数字组成,每个数字刚好只出现一次。这 9 个位数的前两位能被 2 整除,前三位能被 3 整除,……,前 N 位能被 N 整除,整个 9 位数能被 9 整除。

6. 用分治法求数组最大数。

7. 编写程序,实现一个国际象棋的马踏遍棋盘的演示程序。具体要求为:将马随机放在国际象棋的 8×8 棋盘的某个方格中,马按走棋规则进行移动。要求每个方格只进入一次,走遍棋盘上全部 64 个方格。用堆栈编制非递归程序求出马的行走路线,并按求出的行走路线将数字 1,2,3,…,64 依次填入一个 8×8 的方阵并输出。

8. 设计算法解决找零钱问题。

9. 用贪心算法解决汽车加油问题。

10. 问题的提出:4 位分别来自中国、美国、俄罗斯、加拿大的小学生都以自己的国土面积大而骄傲不已,但是他们想知道到底谁的国土最大,谁的最小,他们的判断如下:

加拿大学生:加拿大最大,美国最小,俄罗斯第三。

美国学生:美国最大,加拿大最小,俄罗斯第二,中国第三。

中国学生:美国最小,加拿大第三。

他们互不相让,最后老师下定结论:对于上述 4 国面积的判断,他们每人只判断对了一个国家。对于老师的提示,4 位小学生还是绞尽脑汁推断不出到底是谁的国土最大,谁的最小。现请编制程序告诉 4 位小学生正确顺序。

11. 约瑟问题:15 名基督教徒和 15 名异教徒同乘一船航行,途中风浪大作,危机万分,领航者告诉大家,只要将全船的一半人投入海中,其余人就能幸免。大家都同意这个办法,并协定这 30 人围成一圈,由第一个人起报数,每数至第 9 人便把他投入海中,下一个接着从 1 开始报数,第 9 人又被投入海中,依次循环,直至剩下 15 人为止。编程实现把所有乘客排列使投入海中的人全为异教徒。

参 考 答 案

第 1 章 程序设计基础

一、选择题

1. D   2. A   3. C   4. D   5. A   6. D   7. D   8. A   9. C
10. D   11. A   12. A   13. D   14. C   15. D   16. B   17. A   18. C
19. A   20. B   21. C   22. C   23. A   24. C   25. A   26. B   27. C
28. D   29. C   30. B   31. D   32. A   33. C   34. D   35. D   36. C
37. A   38. D   39. C   40. B

二、填空题

1. 运算器 控制器
2. 控制器
3. 8
4. 操作码 操作数
5. 16 16i
6. 45.625 55.5Q 2D.AH
7. 原码 反码 补码
8. −128
9. 数据封装 多态性
10. 面向对象

三、判断题

1. T 2. F 3. F 4. T 5. F 6. F

四、计算题

1. 答：10110B＝0.10110B×25（或 0.10110B×2＋0101B）

0	0101	0	1011000000

2. 答：X＝−53，[X]$_补$＝11001011，[X]$_反$＝11001010

3. 答：(56)$_补$＝00111000 (78)$_补$＝01001110 (56)$_补$＋(78)$_补$＝10000110，结果溢出。

五、简答题

1. 答：嵌入式系统的定义可从几方面来理解：

（1）嵌入式系统是面向用户、面向产品、面向应用的，它必须与具体应用相结合才会具有生命力，才更具有优势；

（2）嵌入式系统是将先进的计算机技术、半导体技术和电子技术与各个行业的具体应用相结合后的产物，这一点就决定了它必然是一个技术密集、资金密集、高度分散、不断创新的知识集成系统；

（3）嵌入式系统必须根据应用需求对软硬件进行裁剪，满足应用系统的功能、可靠性、成本、体积等要求。

实际上，嵌入式系统本身是一个外延极广的名词，凡是与产品结合在一起的具有嵌入式特点的控制系统都可以叫嵌入式系统，而且有时很难给它下一个准确的定义。现在人们讲嵌入式系统时，某种程度上指近些年比较热的具有操作系统的嵌入式系统。从上面的定义可以看出，嵌入式系统有几个重要特征：

（1）系统内核小。由于嵌入式系统一般是应用于小型电子装置的，系统资源相对有限，因此内核较之传统的操作系统要小得多。

（2）专用性强。嵌入式系统的个性化很强，其中的软件系统和硬件的结合非常紧密，一般要针对硬件进行系统的移植，即使在同一品牌、同一系列的产品中也需要根据系统硬件的变化和增减不断进行修改。同时针对不同的任务，往往需要对系统进行较大更改，程序的编译下载要和系统相结合，这种修改和通用软件的"升级"完全是两个概念。

（3）系统精简。嵌入式系统一般没有系统软件和应用软件的明显区分，不要求其功能设计及实现上过于复杂，这样一方面利于控制系统成本，同时也利于实现系统安全。

（4）高实时性的系统软件（OS）是嵌入式软件的基本要求。而且软件要求固态存储，以提高速度。软件代码要求高质量和高可靠性。

（5）嵌入式软件开发要想走向标准化，就必须使用多任务的操作系统。嵌入式系统的应用程序可以没有操作系统而直接在芯片上运行，但是为了合理地调度多任务、利用系统资源、系统函数以及和专家库函数接口，用户必须自行选配 RTOS（Real-Time Operating System）开发平台，这样才能保证程序执行的实时性、可靠性，并减少开发时间，保障软件质量。

（6）嵌入式系统开发需要开发工具和环境。由于其本身不具备自主开发能力，即使设计完成以后用户通常也是不能对其中的程序功能进行修改，必须有一套开发工具和环境才能进行开发，这些工具和环境一般是基于通用计算机上的软硬件设备以及各种逻辑分析仪、混合信号示波器等。开发时往往有主机和目标机的概念，主机用于程序的开发，目标机作为最后的执行机，开发时需要交替结合进行。

2. 答：汉字编码系统主要是解决在汉字处理过程中的各个环节中汉字的编码问题。汉字编码常指汉字的国家标准信息码（汉字交换码）、汉字机内码、输入编码和字形码。

（1）汉字交换码。汉字交换码是计算机与其他系统或设备间交换汉字信息的标准编码。

① GB2312-80。1981 年 5 月，《信息交换用汉字编码字符集·基本集》（代号 GB2312-80）字符集共收录了 6763 个汉字和 682 个图形符号。6763 个汉字按其使用频率和用途，又可分为一级常用汉字 3755 个，二级次常用汉字 3008 个。其中一级汉字按拼音字母顺序排

列,二级汉字按偏旁部首排列。采用两个字节对每个汉字进行编码,每个字节各取 7 位(最高位置 1,区别于 ASCII),这样可对 16 384 个(128×128＝16 384)字符进行编码。

② 区位码。区位码先把汉字排列在一个 94 行×94 行的方阵(二维表格 94×94＝8836)中,在此正方形矩阵中,每一行称为"区",每一列称为"位",这样组成了一个共有 94 区,每个区有 94 位的字符集。由这个字符集矩阵表引出了表示汉字的两种编码,一种称为区位码,另一种被称为国标码。这两种编码都是由两个字节组成,高字节表示"区"的代码,低字节表示"位"的代码。区位码是用十进制数表示一个汉字或图形符号在字符集中的位置。二维表中,每一行称为一个区,用汉字编码的第一个字节表示,称为区码。每个汉字在一行中的位置用第二个字节表示,称为位码。国标码通常用十六进制表示。

(2) 汉字机内码。汉字机内码(内码)是计算机系统中用来存储和处理中、西方信息的代码。西文内码采用单字节的 ASCII 码,而汉字内码则是将区位码两个字节的最高位分别置为"1",从而形成两个字节表示的汉字机内码。为了最终显示和打印汉字,还要由汉字的机内码来换取汉字的字形码。实际上,每一个汉字的机内码也就是指向该汉字字形码的地址。

(3) 汉字输入码。也称外码,是为了将汉字输入计算机而编制的代码,它是代表某一汉字的一级键盘符号。①流水码。根据汉字的排列顺序形成汉字编码,如区位码、国标码、电报码等。②音码。根据汉字的"音"形成汉字编码,如全拼码、双拼码、简拼码等。③形码。根据汉字的"形"形成汉字编码,如王码五笔、郑码、大众码等。④音形码。根据汉字的"音"和"形"形成汉字编码,如表形码、钱码、智能 ABC 等。不论是哪一种汉字输入方法,利用输入码将汉字输入计算机后,必须将其转换为汉字机内码才能进行相应的存储和处理。

(4) 汉字字形码。汉字字形码又称汉字输出码或汉字字模,它是将汉字字形经过点阵数字化后形成的一串二进制数,用于汉字的显示和打印。点阵字型编码是一种最常见的字型编码,它用一位二进制码对应屏幕上的一个像素点,字形笔画所经过处的亮点用 1 表示,没有笔画的暗点用 0 表示。红旗中学网站汉字字库的概念:在计算机中输出汉字时必须要得到相应汉字的字形码,通常用点阵信息表示汉字的字形。所有汉字字形点阵信息的集合就称为汉字字库。显示字库一般为 16×16 点阵字库,每个汉字的字形码占用 32 个字节的存储空间;打印字库一般为 24×24 点阵,每个汉字的字形码占用 72 个字节的存储空间。由于输出的需要,人们设计了不同字体的字形,相应也有不同的字库。常见的字库有宋体字库、楷体字库和隶书字库等。

3. 答:常见的有 GIF,Flic,AVI,MPEG,WMV,BMP,PCX,TIF,JPEG 和 DXF 等。

4. 答:常用的有自然语言、传统流程图、结构化流程图、伪代码和 PAD 图等。

第 2 章　数据类型与表达式

一、选择题

1. D　2. D　3. A　4. B　5. A　6. B　7. C　8. A　9. B
10. B　11. B　12. C　13. A　14. D　15. D　16. C　17. D　18. D
19. D　20. C　21. C　22. B　23. B　24. C　25. C　26. D　27. B

28. A　29. D　30. A　31. C　32. D　33. C　34. C　35. A

二、填空题

1. 6 位

2. const double PI＝3.14159；

3. bool

4. 先定义后使用

5. 1

6. 60

7. 8

8. 10000110　10111111

9. 10000010

10. a＆0x20

11. s＝low＆0x00ff＋high＆0xff00

12. y＝(x＜＝−5)？ 2＊x：(x＜5)？ 0：−7＊x

13. b＋＝5＋a−−

14. b−a＝＝c−b ‖ c−a＝＝b−c ‖ a−b＝＝c−a ‖ c−b＝＝a−c ‖ a−c＝＝b−a ‖ b−c＝＝a−b

15. pow(x,y)/sqrt(2＊3.14)

三、计算题

1. 答：(1)00101010；(2)11100101

2. 答：sizeof(str)＝ 25

sizeof(p)＝ 4

sizeof(n)＝ 4

四、简答题

1. 答：因为变量是一个存储单元，总是保存最近一次修改过的值。

2. 答：在C++语言中，浮点型数据有效数字的位数是有限的，超过有效数字的数字是无意义的，因此将一个很大的实数与一个很小的实数直接相加或相减，对于大实数的有效数字来说，小实数是无意义的。

3. 答：填写如下：

变量的类型	12345	−1	32769	−128	255	789
int 型(16 位)	3039	ffff	8001	ff80	ff	315
long 型(32 位)	3039	ffffffff	8001	ffffff80	ff	315
char 型(8 位)	39	ff	1	80	ff	15

4. 答：此处给出两个方法：(1)a＋＝b；b＝a－b；a－＝b；；(2)a＝a^b；b＝a^b；a＝a^b；。

第3章　程序控制结构

一、选择题

1. B　2. D　3. A　4. B　5. C　6. B　7. D　8. B　9. D
10. D　11. A　12. D　13. C　14. D　15. D　16. A　17. C　18. D
19. D　20. B　21. D　22. C　23. A　24. D

二、填空题

1. iomanip. h
2. ⌴29100
3. Hex：ff
4. hex
5. setw(int)　setfill(char)
6. endl
7. for
8. max＝(a＞b)？ a：b
9. 0 次
10. 字符型

三、程序阅读题

1. 1↙
   . ↙
   5↙
   10
2. 123456↙
   1.235e＋005
3. 10
4. ＊＊＊＊123.45↙
   ＊＊123.45↙
   123.45
5. a＝－12
6. y＝3
7. ⌴⌴⌴⌴1⌴⌴⌴⌴2⌴⌴⌴⌴3↙
   ⌴⌴⌴⌴4⌴⌴⌴⌴5⌴⌴⌴⌴6↙
   ⌴⌴⌴⌴7⌴⌴⌴⌴8⌴⌴⌴⌴9

8. 6 ␣Factors ␣2 ␣3

9. 0 * 000

10. i＝16 ✓

　　i＝14 ✓

　　i＝12 ✓

　　i＝10

四、程序填空题

1. (1) const　　(2) cin＞＞r

2. (1) i＜＝m　　(2) j＝i－1　　(3) isprime＝0

五、程序设计题

略

第4章　函　　数

一、选择题

1. D	2. D	3. D	4. A	5. B	6. D	7. C	8. B	9. D
10. B	11. C	12. D	13. A	14. B	15. B	16. D	17. A	18. C
19. C	20. D	21. C	22. A	23. B	24. A	25. C	26. D	27. D
28. C	29. B	30. C	31. C	32. C	33. A	34. A	35. D	36. C
37. B	38. B	39. D	40. D	41. A	42. C	43. C	44. B	45. B

二、填空题

1. void

2. 名称　类型和个数

3. 库

4. 类型参数

5. template ＜template T＞ T A(T a){return ＋＋a;}

6. 2

7. 递归　递归

8. 15

9. 内层

10. 保持变量在函数被调用过程中维持原值不变　使用 static 声明的模块层变量能被模块内所有函数访问　使用 static 声明的模块层变量不能被模块外其他函数访问

三、程序阅读题

1. －1

2. 3,3.14
3. x,y＝10,26 ↙
    x,y＝26,10 ↙
    x,y＝9,27 ↙
4. ＿＿＿i ＿＿＿a ＿＿＿b ＿＿＿c ↙
    ＿＿＿1 ＿＿＿0 ＿＿－5 ＿＿＿0 ↙
    ＿＿＿4 ＿＿＿3 ＿＿＿0 ＿＿15 ↙
    ＿＿＿4 ＿＿＿0 ＿＿－5 ＿＿＿8 ↙
    ＿＿17 ＿＿＿4 ＿＿＿3 ＿＿15
5. 5 ＿7 ＿9 ↙
6. 3 ↙
   －3

四、程序填空题

1. (1) float cha(float x,float y)或 float cha(float,float) (2) cha(a,b)
2. (1) ＜class T＞ (2) sizeof(double)
3. (1) template ＜typename T＞ (2) Max(t,z)
4. (1) s＝s+2+i (2) i＜3;i++)

五、程序修改题

1. 第 1 行：它的两个形式参数应该采用引用,改为 void swap(int &m,int &n)。
2. 第 12 行：改为 int d;。

六、程序设计题

略

第 5 章 预处理命令

一、选择题

1. C 2. D 3. B 4. C 5. D 6. D 7. B 8. D 9. A
10. B 11. C 12. A 13. A 14. D 15. C 16. D 17. B 18. A

二、填空题

1. 宏定义指令
2. define SECONDS_PER_YEAR(60 * 60 * 24 * 365)UL
3. ♯define MIN(A,B) ((A)＜＝(B)? (A)：(B))
4. 用户
5. 文件包含

6. #undef

三、判断题

1. F 2. T 3. T 4. F 5. T 6. F 7. F 8. F 9. T 10. T

四、程序阅读题

1. 123456

2. 0

3. 12

4. 12.3,12.35

5. 16

6. northwest

7. 71610

8. 20/10＝2

五、程序设计题

略

第6章 数   组

一、选择题

1. B   2. D   3. C   4. A   5. B   6. C   7. C   8. B   9. C
10. B   11. D   12. A   13. B   14. D   15. A   16. D   17. C   18. C
19. C   20. A   21. C   22. C   23. A   24. B   25. C   26. D   27. D
28. A   29. B   30. B   31. C   32. A   33. D   34. A   35. B   36. A
37. D   38. B   39. A   40. B   41. A   42. C   43. B   44. C   45. B

二、填空题

1. 0   数据类型
2. 按行顺序存放,先存放第一行的元素,再存放第二行的元素
3. 一维
4. 2   4
5. '\0'   1
6. strcpy(S2,S1);
7. #include <string. h>
8. #include <ctype. h>
9. 运行异常   windows9x
10. 45

三、程序阅读题

1. 400-4-3

2. 1236

3. 1 ⌣0 ⌣0 ⌣0 ⌣0 ↙
   0 ⌣1 ⌣0 ⌣0 ⌣0 ↙
   0 ⌣0 ⌣1 ⌣0 ⌣0 ↙
   0 ⌣0 ⌣0 ⌣1 ⌣0 ↙
   0 ⌣0 ⌣0 ⌣0 ⌣1 ↙

4. 92

5. Bcdea

6. 9876

7. 024681012141618 ↙
   024681012141618 ↙

8. ⌣2.5 ⌣7.5 ⌣7.5 ⌣7.5

9. 11

10. a＊b＊c＊d＊

11. 1 ⌣2 ⌣3 ⌣8 ⌣7 ⌣6 ⌣5 ⌣4 ⌣9 ⌣10

12. 5

13. knahTM＝102

14. 1 ⌣2 ⌣3 ⌣4 ⌣5 ↙
    6 ⌣7 ↙
    8 ⌣9 ⌣10 ⌣11 ↙

15. northwest

16. 246 ↙
    81012 ↙
    1400

四、程序填空题

1. (1) T a[],int n　(2) T t;

2. (1) n％base　(2) n/base　(3) j＝i ;j＞＝1 ;j－－

3. (1) a[i]＝a[j]　(2) j－－

4. (1) a[i]＞b[j]　(2) i＜3　(3) j＜5

5. (1) s＝0　(2) a[i][k]＊b[k][j]　(3) cout＜＜endl

6. (1) zero＋＋　(2) a[i]　(3) neg　(4) pos　(5) zero

7. (1) x2＝mid－1　(2) x1＝mid＋1

8. (1) j＜＝i　(2) a[i][j]＝a[j][i]

五、程序设计题

略

第7章　指针与引用

一、选择题

1. D	2. D	3. D	4. B	5. B	6. D	7. A	8. D	9. A
10. C	11. D	12. D	13. D	14. B	15. D	16. A	17. A	18. B
19. B	20. B	21. B	22. D	23. B	24. C	25. C	26. D	27. D
28. B	29. D	30. A	31. A	32. A	33. C	34. B	35. D	36. B
37. A	38. B	39. C	40. C	41. D	42. B	43. C	44. B	45. A
46. B	47. C	48. C	49. D	50. B	51. D	52. A	53. D	54. D
55. B	56. D	57. B	58. A	59. B	60. B	61. A	62. D	63. C
64. C	65. B	66. B	67. C	68. B	69. B	70. C	71. C	72. A
73. B	74. C	75. C	76. D					

二、填空题

1. 内存地址

2. 把整型指针赋给通用指针

3. * p

4. int a[10;p＝a;]

5. &

6. x

7. 初始化

8. a＝10

9. new

10. delete p

11. 地址　空或'\0' 或 0 或 NULL

12. 地址常量

13. a[0]　a[3]

14. 12　12

15. 10

16. void func(int x,int y,int * z)

17. void (* p)() 或 void(* p)(int * ,int *)

18. 3

三、程序阅读题

1. efgh

2. abcbcc

3. 10,20,30

4. −90.4 ␣A ↙

 −23.4 ␣B ↙

 0 ␣E ↙

 4.5 ␣F ↙

 12.3 ␣X

5. 3

6. 976531

7. afternoon ↙

 evening ↙

 morning ↙

 night

8. Bcdefgha

9. 6

10. ␣5 ␣3 ␣5 ␣3

四、程序填空题

1. (1) *p   (2) *p−'0'   (3) j− −

2. (1) a[row][col]>=max   (2) min>=max

3. (1) −1   (2) *sn

4. (1) a+1   (2) n%10+'0'

5. (1) s1++   (2) *s2

6. (1) i<strlen(str)   (2) j=i   (3) k

7. (1) p++   (2) p

8. (1) p=a   (2) p[i][j] 或 *(p+i)[j] 或 *(*(p+i)+j)

9. (1) i>=0 && i<10   (2) i

10. (1) str+strlen(str)−1   (2) !t 或 t==0   (3) huiwen(str)

五、程序设计题

略

第8章 自定义数据类型

一、选择题

1. C   2. B   3. D   4. D   5. C   6. C   7. D   8. A   9. A

10. D   11. C   12. D   13. B   14. C   15. B   16. D   17. D   18. C

19. A   20. C   21. B   22. D   23. C   24. D   25. C   26. A   27. C

28. A 29. B 30. A 31. C 32. D 33. D 34. B 35. C 36. D
37. B 38. B 39. C 40. B 41. C 42. A

二、填空题

1. 结构体 数组 结构体
2. 点(.) 指向(—>)
3. 两者 struct 类型相同
4. p—>b
5. 9 6.0
6. p—>no＝1234；
7. 9
8. 0
9. typedef
10. 相同 一个

三、程序阅读题

1. 10,50,20,30,60
2. 给输入的时间增加一秒
3. 20041 703
4. LiHua：18
   WangXin：25
   LiuGuo：21
5. 7,3
6. SunDan 20042
7. 2041 2044
8. 12,18,18

四、程序填空题

1. (1) struct comp (2) x. re＋y. re (3) x. im＋y. im
2. (1) b[2][5] (2) a[i]

五、程序设计题

略

第9章 类 与 对 象

一、选择题

1. D 2. C 3. C 4. D 5. D 6. B 7. A 8. A 9. A
10. D 11. C 12. D 13. A 14. A 15. C 16. D 17. C 18. C

19. D　20. A　21. B　22. C　23. C　24. A　25. B　26. C　27. C
28. A　29. C　30. D　31. D　32. B　33. C　34. B　35. D　36. C
37. D　38. C　39. B　40. B　41. B　42. C　43. B　44. B　45. C
46. C　47. C　48. C　49. D　50. B　51. D　52. B　53. B　54. B
55. C　56. B　57. B　58. C　59. D　60. D　61. D　62. C　63. C
64. B　65. C　66. D　67. D　68. B

二、填空题

1. 继承性

2. 对象

3. 封装　类族

4. max1　a,b,c　max(int,int)

5. 2

6. ——→

7. 已经存在的对象

8. 内联

9. X　Y

10. 默认构造函数

11. void(A∷* pafn)(void);

12. delete [] ptr;

13. 地址

14. Myclass()　拷贝(或复制)

15. static　类名

16. const　常成员函数

17. friend void B∷fun();

18. 友元函数

19. vector＜char＞ E(20,'t');

20. 系统预定义的　用户自定义的

三、程序阅读题

1. 0✓
　5✓
　0✓
　6✓
　4✓

2. 33,1,33✓
　44,2,44✓

3. 1✓
　2＋3i✓

3—4i ✓

4. Initalizing default ✓

　Initalizing default ✓

　0 ⌣0 ✓

　Destructor is active ✓

　Destructor is active ✓

5. 构造函数被调用(4,5) ✓

　构造函数被调用(1,2) ✓

6. i＝0,count＝2 ✓

　i＝0,count＝2 ✓

7. 书名：C++语言程序设计 ✓

　作者：姜学峰 ✓

　月销售量：300 ✓

　书名：C++语言程序设计实验教程 ✓

　作者：魏英 ✓

　月销售量：200 ✓

　书名：C++习题与解析 ✓

　作者：刘君瑞 ✓

　月销售量：200 ✓

8. Result1＝19 ✓

　Result2＝18 ✓

　Result3＝25 ✓

9. 7 ⌣8 ✓

　1 ⌣1 ✓

　2 ⌣2 ✓

　5 ⌣3 ✓

　4 ⌣4 ✓

10. 3,7,9,1,5,4

11. n＝1,X＝12 ✓

　　n＝2,X＝34 ✓

　　n＝1 ✓

12. Default Constructor called. ✓

　　Destructor called. ✓

　　Constructor called. ✓

　　Destructor called. ✓

13. v＝2,t＝7 ✓

14. 10.5—5.8i ✓

　　10＋0i ✓

四、程序填空题

1. (1) void init(int xx){X＝xx;}　(2) int Getnum(){return X＋7;}

2. (1) x=f;　(2) num＝t. num;

3. (1) test T(10);　(2) T. P();

4. (1) x. SetA(a,6);　(2) x. MaxA();　(3) x. PrintA();

5. (1) A(int aa＝0,int bb＝0){a＝aa;b＝bb;}　(2) p1＝new A();　(3) p2＝new A(4,5);

6. (1) a(j) {b＝i;}　(2) b[i]. display();

7. (1) for(int i=0;i＜MaxLen;i++) a[i]＝aa[i];　(2)A::～A(){};　(3) for (i=0;i＜10;i++) s=s+r. GetValue(i);

8. (1) num＝0;fl＝0;　(2) Initializing default

9. (1) int ∗a;　(2) ～A(){delete [] a;}

10. (1) float x1,float y1　(2) static

11. (1) X＝a. X;Y＝a. Y;　(2) delete[] Ptr;

12. (1) ptr＋1　(2) ptr－>get()

13. (1) Location& rA1＝A1;　(2) cout<<"X is:"<<rA1. GetX()<<"Y is:" <<rA1. GetY()<<endl;

14. (1) friend Integer Max(Integer,Integer);　(2) a. x>b. x

15. (1) friend class　(2) p1(xp1),p2(xp2)

16. (1) T x,y　(2) sizeof(x)

五、程序修改题

1. 第2行：出错,不能用这种方式初始化类成员

2. 第9行：出错,成员函数没有参数

3. 第48行：不能访问类 Location 的私有数据成员 X
　第49行：不能访问类 Location 的私有数据成员 Y

4. 第3行：出错,引用性说明所说明的类名不能用来建立对象

5. 第4行：从右向左的顺序声明 A(int aa＝0, int bb＝0){

6. 第8行：去掉 void。构造函数没有返回值

7. 第4行：改为无名联合体,删除 value

8. 第22行：改正为 b. InitFranction(1,3);
　第24行：改正为 c＝ a. FranAdd(b);
　第25行：改正为 c. _ FranOutput();

9. 第16行：出错,max 是类的友元函数,语句应为 cout<< max(a,b);

10. 第11行：模板参数没有提供,应为 f <double>a;
　第13行：x,y 为类的私有成员,不能访问

六、程序设计题

略

第 10 章　继承与派生

一、选择题

1. C	2. D	3. C	4. B	5. C	6. A	7. A	8. C	9. D
10. B	11. C	12. B	13. A	14. B	15. B	16. A	17. B	18. B
19. A	20. D	21. C	22. C	23. A	24. B	25. C	26. C	27. C
28. C	29. D	30. A	31. C	32. A	33. D	34. C	35. C	36. D
37. D	38. A	39. A	40. B	41. D	42. A	43. A	44. B	45. D
46. B	47. C	48. A	49. C	50. D				

二、填空题

1. 继承和派生
2. 可重用性
3. 派生　基
4. 单继承
5. 基类
6. 虚函数
7. 基类的构造函数
8. 同名成员的唯一标识问题
9. 多继承
10. 纯虚函数　基类
11. 编译
12. 动态　静态
13. 虚
14. 虚函数
15. 二义性
16. 7

三、程序阅读题

1. B(11)　✓
   D(11,22)　✓
   11 ⎵22　✓
   ~D()✓
   ~B()✓

2. A::f() ✓

    B::f() ✓

3. 100 ✓

    0 ✓

4. func in class C ✓

    func in class C ✓

    func in class C ✓

5. 2 ✓

    1 ✓

6. ftt fun1 ✓

    ftt fun2 ✓

    test fun3 ✓

7. b=0 ✓

    a=0 ✓

    C default constructor ✓

    b=6 ✓

    a=5 ✓

    C constructor ✓

8. 2000/1/1 ✓

    0:0:0 ✓

    2002/10/1 ✓

    23:59:59 ✓

    2002/12/31 ✓

    0:0:0 ✓

9. This is a integer ✓

    This is a float ✓

10. 58 ✓

    0 ✓

四、程序填空题

1. (1) Base::output();　(2) Base(m1,m2)　(3) mem3=m3;

2. (1) virtual void f()　(2) *p

3. (1) void f　(2) void f(int i){A::f(i);}

4. (1) base(i)　(2) base()

5. (1) public Base1,public Base2　(2) Base1::x=x1　(3) Base2::x=x2

6. (1) virtual void display()=0;　(2) A *p

五、程序修改题

1. 第 15 行：出错,改为引用 shape &s=r;

2. 第 12 行：出错，不能访问基类的私有成员

3. 第 21 行：此处调用了基类的 area 函数，应该改为 c. area()

4. 第 15 行：调用 fun 函数有二义性

5. 第 8 行：出错，抽象类不能定义对象

六、程序设计题

略

第 11 章 运算符重载

一、选择题

1. C   2. B   3. D   4. B   5. A   6. A   7. A   8. D   9. C

10. C   11. D   12. B   13. A   14. A   15. A   16. A

二、填空题

1. 结合性

2. 0   1

3. x＝y. operator ＊(z)；

4. ＝   &

5. c3＝c1＋c2

6. 函数名

7. 运算符重载   函数重载

8. bool

9. 友元

10. x＋(y＋＋)或 x＋y＋＋

三、程序阅读题

1. ＊＊＊＊＊12345↙

    54321＊＊＊＊＊↙

2. 6↙

    9

3. s1 与 s2 的数据成员不相等↙

    s3 与 s4 的数据成员相等↙

四、程序填空题

1. (1) int& ARRAY：：   (2) n＜＝1‖n＞s   (3) return v[n－1]

2. (1) Magic   (2) Magic ma

3. (1) friend iostream& operator＞＞   (2) friend iostream& operator＜＜

4. (1) operator (2) return val;

5. (1) real＋b. real，imag＋b. imag (2) ＊this (3) a. real －b. real ，a. imag －b. imag

6. (1) delete[] pA (2) size

五、程序设计题

略

第 12 章 异 常 处 理

一、选择题

1. A 2. B 3. C 4. C 5. A

二、填空题

1. try catch throw catch catch 后续语句 termanite
2. 函数调用 函数定义 编译 运行 随机 调用链逆向 不一样的

三、程序阅读题

1. 数组下标越界！✓
   S＝55 ✓
2. main function ✓
   constructor ✓
   exception ✓
   exception2 ✓
   main function ✓

四、程序设计题

略

第 13 章 命 名 空 间

一、选择题

1. D 2. A 3. D

二、填空题

1. 无名的命名空间
2. NS::Temp
3. 内嵌
4. 别名 using alias ＝ NamespaceName;

5. 空间名称加上作用域限定符∷，name_space∷   用 using 声明，using namespace∷name

6. std

7. Windows∷GDI

8. 复合语句结束时

9. 命名空间中的变量

10. 编译错误

第 14 章 标 准 库

一、选择题

1. A   2. C   3. B   4. C   5. B   6. B   7. D   8. D   9. D
10. B   11. D   12. D   13. D   14. B   15. B

二、填空题

1. ios

2. getline

3. cout <<setiosflags(ios_base∷hex);

4. ifstream datafile("data. dat",ios_base∷in);

5. ifstream fin("Text. txt",ios_base∷in);

6. fstream. h

7. myFile. open("f∶\myText. txt");

8. string∷npos

三、程序填空题

1. (1) setiosflags(ios_base∷showpoint)   (2) resetiosflags(ios_base∷showpoint)
2. (1) int argc,char ∗ argv[]   (2) ofstream output(argv[2]);
    (3) output. write((char ∗)(input. get() ∗ 10),2);
3. (1) inf. getline(k,100,'\n');

四、程序设计题

略

第 15 章 算   法

一、选择题

1. A   2. D   3. A   4. D   5. D   6. C   7. D   8. B   9. B
10. B   11. C   12. B   13. B

二、填空题

1. 算法
2. 时间代价　递归
3. 有穷
4. 算法
5. 数值运算算法　非数值运算算法
6. 自然语言　流程图　伪代码
7. 指令都应在有限的时间内完成
8. 正确性
9. 冒泡排序法

三、简答题

1. 答：不一定。时间复杂度与样本个数 n 有关，是指最深层的执行语句耗费时间，而递归算法与非递归算法在最深层的语句执行上是没有区别的，循环的次数也没有太大差异。仅仅是确定循环是否继续的方式不同，递归用栈隐含循环次数，非递归用循环变量来显示循环次数而已。

2. 答：最少的比较次数是这样一种情况：若 A 表所有元素都小于（或大于）B 表元素，则 A1 比较完 B1～Bn 之后，直接拼接即可。

最多比较次数的情况应该是 A、B 两表互相交错，此时需要穿插重排。则 A 表的每个元素都要与 B 表元素相比，A1 与 B1 相比，能确定其中一个元素的位置；剩下一个还要与另一表中下一元素再比较一次，即在表 A 或表 B 的 n 个元素中，除了最后一个元素外，每个元素都要比较 2 次。最坏情况总共为 2n－1 次。

3. 略

四、程序设计题

略

参 考 文 献

1. Bjarne Stroustrup. The C++ Programming Language(3rd Edition). Addison-Wesley Pub Co,1997.
2. 谭浩强. C++ 程序设计. 北京：清华大学出版社,2004.
3. 郑莉等. C++ 语言程序设计. 第 3 版. 北京：清华大学出版社,2004.
4. 李春葆. C++ 语言习题与解析. 北京：清华大学出版社,2006.
5. 姜学锋等. C 语言程序设计习题集. 西安：西北工业大学出版社,2007.
6. 教育部考试中心组. 全国计算机等级考试二级教程—C++ 语言程序设计(2011 版). 北京：高等教育出版社,2010.
7. 全国计算机等级考试命题研究组. 全国计算机等级考试笔试考试习题集—二级C++ 语言程序设计. 南京：南开大学出版社,2009.
8. 全国计算机等级考试命题研究组. 上机考试习题集—二级C++ 语言程序设计. 南京：南开大学出版社,2005.
9. 郑莉等. C++ 语言程序设计案例教程. 北京：清华大学出版社,2005.
10. Bjarne Stroustrup. The C++ Programming Language (Special Edition). Addison-Wesley Pub Co,2000.
11. Stanley B. Lippman,Josee Lajoie. C++ Primer(3rd Edition)中文版. 潘爱民译. 北京：中国电力出版社,2002.
12. Mark Lee. C++ Programming for the Absolute Beginner (2nd Edition). Course Technology PTR,2008.
13. Timothy S. Ramteke. C 和C++ 基础教程与题解. 第 2 版. 施平安译. 北京：清华大学出版社,2005.
14. 陈慧南. 算法设计与分析(C++ 语言描述). 北京：电子工业出版社,2006.

大学计算机基础教育规划教材

近 期 书 目